Thomas Meyer

Bogen, Armbrust, Hakenbüchse

Entwicklung und Technik der Fernwaffen des Mittelalters

Herstellung und Verlag: Books on Demand GmbH, Norderstedt

Umschlagfoto: Thomas Meyer

Bibliografische Information der Deutschen Nationalbibliothek
Die Deutsche Nationalbibliothek verzeichnet diese Publikation in der Deutschen Nationalbibliografie; detaillierte bibliografische Daten sind im Internet über http://dnb.d-nb.de abrufbar.

ISBN-13: 978 3 8370 8676 8

für Margot

Jan und Anna

Vorwort

Dieses Sachbuch behandelt die Entwicklung der Schuss-, Fern- und Feuerwaffen des europäischen Mittelalters und ihre Bedeutung bei den großen mittelalterlichen Schlachten und Belagerungen. Neben den Schusswaffen der Fuß- und Reitertruppen werden auch die Fernwaffen der Artillerie bis hin zu den ersten schweren Geschützen der Rohrartillerie dargestellt.

Das Europa des Mittelalters, das ist in unserer distanzierten heutigen Vorstellung vornehmlich ein mehr oder weniger wirres Gebilde aus politischen und religiösen Streitigkeiten, die in oftmals jahrelangen Kriegen und Auseinandersetzungen mit häufig wechselnden Siegern und Besiegten ausgefochten wurden. Sicherlich wird man einer Betrachtung des mittelalterlichen Europas alleine aus der militärischen Sicht nicht gerecht, dennoch war der Krieg auch in dieser Epoche eine normative Kraft, deren Folgen sich bis in die Entwicklung des heutigen Europas ausgewirkt haben. Aus dieser Dominanz der militärischen Auseinandersetzung als Mittel der Konfliktlösung erklären sich auch das große Interesse und die stetig wachsende Beschäftigung mit der mittelalterlichen Kriegskunst Europas.

Bei der Beschäftigung mit den militärischen Auseinandersetzungen im mittelalterlichen Europa wird schnell klar, das hier zum Teil erhebliches technisches und handwerkliches Know How genutzt wurde, über das heute zum Teil viele falsche Vorstellungen existieren und nur wenige konkrete Tatsachen allgemein bekannt sind. Reenactment und Living History sind Strömungen, die sich mit der Wiedergabe von historischen Ereignissen wie großen Schlachten aber auch fiktiven Begebenheiten mit möglichst detailgetreuer Durchführung beschäftigen. Archäologen und Militärhistoriker verwenden seit der Mitte des letzten Jahrhunderts diese Technik, die zur Sicherung von Annahmen und Schaffung neuer Erkenntnisse führen soll und kann. Hier soll nun versucht werden neben einer zeitlichen und räumlichen Einordnung der politischen Verhältnisse vor allem den technischen, kulturellen und handwerklichen Tatsachen Raum zu schaffen.

Das Mittelalter – eine zeitliche Einordnung

Wenn wir über das Mittelalter sprechen, dann konzentrieren wir uns gedanklich in der Regel auf die Zeit um 1000 bis 1200 nach Christus. In der europäischen Geschichte bezeichnet der Begriff Mittelalter tatsächlich jedoch eine viel längere Epoche, nämlich die zwischen der Antike und der Neuzeit, also etwa um 500 bis 1500 nach Christus. Anfang und Ende von Früh-, Hoch- und Spätmittelalter können jedoch nicht präzise bestimmt werden, da die Übergänge hier fliesend waren.

Das Frühmittelalter schließt an die Spätantike an. Früher wurde die "Völkerwanderungszeit" dem Frühmittelalter zugerechnet. Heute rechnet man die Völkerwanderungszeit eher der Spätantike zu. Dadurch wird der Beginn des frühen Mittelalters ungefähr in die Mitte des 6. Jahrhunderts datiert. Als Zeitraum für das Ende des Frühmittelalters wird unter anderem die Gründung des Heiligen Römischen Reiches durch Otto I., den Grossen 962 oder das morgenländische Schisma von 1054 betrachtet. In dieser Phase wurde die vom griechisch-römischen Mittelmeerraum ausgehende imperiale Struktur durch eine Europa fast vollständig abdeckende Zergliederung durch mehr oder minder große Feudalsysteme abgelöst.

Eine gemeinsame christliche Glaubenshaltung und eine in Ständen organisierte Gesellschaft bilden die Grundzüge dieser neuen Struktur. Die Anfänge dieser neuen europäischen Entwicklung sind gezeichnet vom Niedergang der römischen Kultur. Bildung, Handel oder Rechtswesen befinden sich zum Ende des 5. Jahrhunderts vollständig in Stagnation. Die frühmittelalterliche Gesellschaft lebte von der Viehzucht und dem Ackerbau. Erst langsam beginnt unter dem Wirken der christlichen Kirche eine Stabilisierung der Situation. Mit dem Fränkischen Reich, das Karl der Große im 9. Jahrhundert gründet, ist diese Phase dann endgültig abgeschlossen, die Feudalzeit beginnt. Mit ihm findet auch eine Belebung von Kunst, Bildung und Handel statt.

Das Hochmittelalter kann zeitlich etwas genauer eingegrenzt werden als das Frühmittelalter. Allgemein wird damit die Epoche von der Mitte des 11. Jahrhunderts bis zur Mitte des 13. Jahrhunderts bezeichnet.

Das Mittelalter – eine zeitliche Einordnung

Der Wandel im 11. Jahrhundert bestand aus einem enormen Bevölkerungswachstum, das bis ins 14. Jahrhundert dauerte. Durch dieses Bevölkerungswachstum mussten neue Siedlungs- und Anbaugebiete erschlossen werden. Die Produktionsmethoden der Landwirtschaft mussten verbesserte werden, um die zusätzlichen Menschen zu versorgen. Dadurch wiederum wurden Handwerk und Handel gefördert, und damit die Geldwirtschaft. Neue Märkte entstanden, die wiederum die Kassen der Städte füllten. Die Kirche mit dem herausgebildeten Papsttum entwickelte nach innen eine klare Hierarchie, nach außen kämpfte sie mit den weltlichen Herrschern um die Vormacht. Bildung wurde in den Vordergrund gerückt.

Das Hochmittelalter war auch die Blütezeit des Rittertums, das sich in Folge der Kreuzzüge neu definierte. Mit dem Bemühen der Feudalherren, ihre Machtpositionen zu festigen, geht der erste Bau von Burgen einher. Sie dienen zur besseren Kontrolle des Landes und der Bevölkerung sowie des Handels und der Landwirtschaft, und sie dienten ihren Herren als geschützte Stützpunkte für deren Expansionsbestrebungen.

Als Spätmittelalter wird die Epoche von der Mitte des 13. Jahrhunderts bis zum 15. Jahrhundert bezeichnet. Im 14. Jahrhundert breitete sich eine Reihe von Hungersnöten und Seuchen wie die große Hungersnot von 1315 und der Schwarze Tod, der von 1347 bis 1353 grassierte, aus und reduzierten die Bevölkerung Europas auf etwa die Hälfte. Der Hundertjährige Krieg zwischen Frankreich und England brach aus. Die Einigkeit der katholischen Kirche wurde durch das Grosse Schisma erschüttert. Der 200 Jahre dauernde Konflikt mit den Arabern hatten die Kriegsführung und auch die Gesellschaft verändert. Die Verlierer jener Ära waren vor allem die Lehnsherren und das Rittertum. Doch auch das Papsttum musste Autorität einbüssen, ebenso das Kaisertum. Die Erfindung des Buchdrucks hatte enormen Einfluss auf die europäische Gesellschaft. Sie erleichterte die Verbreitung des Geschriebenen und demokratisierte das Lernen, eine wichtige Voraussetzung für die spätere protestantische Kirchenreformation. Mit dem Erreichen der Renaissance neigte sich dann dass Mittelalter dem Ende zu.

Große politische Nationen des mittelalterlichen Europas

Wie auch in heutiger Zeit waren die Schicksale der einzelnen europäischen Nationen schon im Mittelalter eng miteinander verknüpft.

Schauen wir uns daher zuerst die politische Entwicklung der mittelalterlichen Wurzeln Deutschlands in einer kurzen zeitlichen Übersicht an. Wir werden feststellen, dass diese immer wieder auch durch andere Nationen beeinflusst wurde.

Um ca. 800 nach Christus beginnt die Zeit, aus der die Karolinger hervor gehen werden. Ludwig der Fromme, der Sohn Karls des Großen, konnte zunächst noch die Einheit des Frankenreichs wahren. Zum Nachfolger im Amt des Kaisers bestimmte er Lothar I., seinen ältesten Sohn. Dessen Brüder Ludwig der Deutsche und Karl der Kahle wurden mit kleinen Teilreichen abgefunden. Im Vertrag von Verdun von 843 wurde das Reich der Franken in ein Mittelreich sowie ein ostfränkisches und ein westfränkisches Teilreich geteilt. Lothar erhielt dabei das Mittelreich mit Italien sowie die Kaiserwürde.

Daraus konnte er allerdings keine Herrschaftsbefugnisse über die anderen Teilreiche mehr ableiten. Karl der Kahle bekam den Westteil zugesprochen und Ludwig der Deutsche den Ostteil. 881 konnte der ostfränkische König Karl der Dicke nach neuerlichem Erreichen der Kaiserwürde das Fränkische Reich nochmals kurze Zeit bis 887 vereinigen. Doch schon mit Ludwig dem Kind starb 911 der letzte ostfränkische Karolinger.

Damit brach die Zeit Ottonen an. In Folge der Spaltung des Reiches kam es im Ostfrankenreich bald zum Fall des Königtums und einzelne Adelsfamilien erreichten in den Stammesgebieten den Aufstieg zu Herzögen. Nach dem Tod des letzten ostfränkischen Karolingers Ludwig dem Kind wählten diese Stammesherzöge den Frankenherzog Konrad I. anstelle des westfränkischen Karolingers zu ihrem König und stellten damit den Bestand des Königreichs auf eine vollkommen neue Basis. Dem folgte der Herzog Heinrich I. von Sachsen aus dem Geschlecht der Ottonen. Ihm gelang es, das ostfränkische Reich zu festigen und gegen Überfälle von Ungarn und Slawen zu verteidigen.

Große politische Nationen des mittelalterlichen Europas

Zu seinem Nachfolger bestimmte Heinrich I. seinen Sohn Otto I., den Großen. Weil sich die Stammesherzöge aber gegen Otto wendeten, berief er sich zur Sicherung seiner Macht auf die Kirche.

Das Reichskirchensystem bot bei der Lehenvergabe den Vorteil, dass Geistliche wegen des Zölibats ihr Lehen nicht vererben konnten. Im Jahr 955 besiegte Otto I. dann in der Schlacht auf dem Lechfeld die Ungarn entscheidend. In den Jahren 950 bis 963 wurde Böhmen und Polen unterworfen. Beim zweiten Italienfeldzug erreichte er 962 die Kaiserkrönung. Nach der Heirat mit Adelheid von Burgund nannte Otto sich König der Langobarden. Durch seinen Anspruch auf Süditalien geriet Otto der Große in Konflikt mit dem byzantinischen Kaiser. Bereits sein Sohn Otto II. erlitt 982 gegen die Araber eine vernichtende Niederlage. Bald danach gingen auch die Gebiete östlich der Elbe durch einen Aufstand der Slawen 983 größtenteils wieder verloren. Der letzte Ottonenkönig, Heinrich II., konnte sich schließlich gegen Polen und Ungarn nicht behaupten.

Die kirchliche Reformation wird schon vom Salier Konrad II. unterstützt, den die deutschen Fürsten 1024 zum König wählen, und der 1032 das Königreich Burgund für sich erwarb. Sein Nachfolger Heinrich III. setzte 1046 die rivalisierenden Päpste ab und erreichte die Lehnsherrschaft über Polen, Ungarn und Böhmen.

Heinrich der IV., der sich wegen der Laieninvestitur mit dem Papst zerstritt, konnte den über ihn verhängten Kirchenbann 1077 nur durch seinen Gang nach Canossa beenden. Dennoch führte ein Bündnis von deutschen Fürsten mit dem Papst dazu, dass Rudolf von Schwaben zum Gegenkönig wurde. Erst 1084 konnte sich Heinrich nach seinem Sieg über Rudolf zum Kaiser krönen lassen. Eine Stärkung der kirchlichen Position erfolgte erst, als sein Sohn Heinrich V. mit der Hilfe der Fürsten den Kaiser absetzte und sich mit der Kirche aussöhnte. Sein Sohn Heinrich V. verbündete sich schließlich mit den Fürsten gegen den eigenen Vater und erreichte 1105 die Absetzung des Kaisers.

Als mit Heinrich V. 1125 der letzte Salier starb, wählten die Fürsten den eher schwachen Sachsenherzog Lothar III. von Supplinburg zum König.

Durch die Unterstützung der mächtigen Welfen für Lothar III. gegen den schwäbischen Herzog, den Staufer Friedrich, wurde ein das ganze 12. Jahrhundert andauernder Streit zwischen Welfen und Staufern begründet. Ein Teil der Fürsten, die mit der Wahl Lothars III. nicht einverstanden waren, entschieden sich für den Staufer Konrad III., der bis 1135 Gegenkönig blieb. Nach dem Tod Lothars 1138 wurde Konrad III. schließlich doch König.

Konrad III. erkannte dem Welfen Heinrich dem Stolzen die Herzogtümer Bayern und Sachsen ab, doch die in Sachsen eingesetzten Askanier konnten sich nicht behaupten, so dass der Sohn Heinrich des Stolzen, Heinrich der Löwe, 1142 das Herzogtum Sachsen wieder erhielt. Friedrich I. erstrebte den Ausgleich, indem er seinen Vetter, den Welfen Heinrich der Löwe, 1156 auch noch mit dem um Österreich verkleinerten Herzogtum Bayern belehnte. Friedrich erreichte seine Kaiserkrönung, besiegte die nach mehr Selbständigkeit strebenden lombardischen Städte und nach einem Aufstand ließ er 1162 Mailand völlig zerstören.

Als Alexander III. Papst wurde und nicht der von Friedrich favorisierte Viktor IV., begann der Kampf um die Vorherrschaft zwischen Kaiser und Papst erneut. Alexander exkommunizierte Friedrich, nachdem auf der Synode von Pavia von einem pro kaiserlichen Gremium Viktor als legitimer Papst anerkannt worden war. Friedrich I. begab sich 1166 auf seinen vierten Italienzug, um die Wahl Viktors militärisch durchzusetzen. 1167 eroberte das kaiserliche Heer Rom, musste die Stadt aber wegen einer Malariaepidemie verlassen. Die norditalienischen Städte schlossen sich daraufhin zum Lombardenbund zusammen und verbündeten sich mit Alexander III. Vor Friedrichs fünftem Italienfeldzug versagten ihm mehrere Fürsten die Waffenhilfe. 1176 unterlag Friedrich I. bei Legnano den Mailändern. Er musste deshalb im Frieden von Venedig Alexander III. als Papst anerkennen. Im Gegenzug erreichte er die Lösung des Banns. 1180 ließ Friedrich I. den immer mächtiger werdenden Heinrich den Löwen, der zudem die Italienpolitik des Kaisers nicht mehr unterstützte, ächten und entzog ihm seine Herzogtümer sowie seine Lehnsherrschaften in Mecklenburg und Pommern.

1183 schloss Friedrich Frieden mit den Lombarden. Dadurch gestärkt, konnte er 1186 die Krönung seines Sohnes Heinrich mit der Krone der Lombardei erreichen. Ab 1187 übernahm Friedrich I. die Führung der Kreuzfahrerbewegung. 1190 starb er beim 3. Kreuzzug in Kleinarmenien. Friedrichs Sohn Heinrich VI. wurde dank der Heirat mit der normannischen Prinzessin Konstanze 1194 König von Sizilien. Damit erreichte das Reich einen Höhepunkt seiner Ausdehnung. Heinrich betrieb auch eine ambitionierte Mittelmeerpolitik. Sein Versuch, das Reich in eine Erbmonarchie umzugestalten, scheiterte jedoch. Als Heinrich VI. 1197 mit 32 Jahren an einer Seuche starb, kam es 1198 zu einer Doppelwahl des Staufers Philipp von Schwaben und des Welfen Otto IV. Papst Innozenz III. favorisierte Otto, doch gelang es Philipp, diesen nach und nach zu isolieren.

Nach der Ermordung Philipps 1208 wurde Otto IV. schließlich dennoch König. Als er jedoch Anspruch auf Sizilien erhob, wurde er 1210 gebannt. Der Papst unterstützte nun den Staufer Friedrich II. Die folgende Auseinandersetzung zwischen Welfen und Staufern wurde 1214 durch die Schlacht bei Bouvines zugunsten Friedrichs II. entschieden. Friedrich II. regierte sein Reich von seiner Heimat Sizilien aus und vernachlässigte die Verhältnisse im Deutschen Reich. Zum König ließ er 1220 seinen minderjährigen Sohn Heinrich wählen. Die Regierung in Deutschland überließ er Vertrauten, die die Vormundschaft über Heinrich ausübten. Friedrich kam nur noch einmal nach Deutschland, als er 1235 seinen Sohn Heinrich absetzte und dessen Bruder Konrad IV. wählen ließ.

Als Friedrich II. seinen Machtbereich auf die lombardischen Städte auszuweiten versuchte, kam es zum Machtkampf mit Papst Gregor IX. Wegen eines nicht unverzüglich erfüllten Kreuzzugsversprechens bannte der Papst den Kaiser 1227. Dennoch begab sich Friedrich ins heilige Land und erreichte die kampflose Übergabe Jerusalems. Zurück in Italien bekämpfte er die päpstlichen Invasionstruppen und wurde schließlich vom Bann gelöst. Dennoch blieben die Spannungen bestehen, die schließlich 1239 zu einer erneuten Bannung durch Papst Gregor führte. Der Konflikt setzte sich auch fort, als Innozenz IV. Gregors Nachfolge antrat. Innozenz erklärte den Kaiser gar 1245 für abgesetzt. Mit militärischen Mitteln ging Friedrich gegen die oberitalienischen Städte vor.

Bevor es jedoch zu einer endgültigen militärischen Konfrontation kommen konnte, verstarb Friedrich II. im Dezember 1250. Nach dem Tod Friedrichs II. tobte der Kampf des Papstes mit Hilfe des französischen Grafen Karl von Anjou gegen die Staufer weiter, wobei Sizilien den Staufern verloren ging. 1268 wurde der letzte Staufer, der sechzehnjährige Konradin, in Neapel öffentlich hingerichtet. Während des so genannten Interregnums von 1250 bis 1273 herrschten im Reich teils mehrere Könige gleichzeitig. Der König stützte sich nur mehr auf ein geringes Reichsgut und musste zur Machtsicherung versuchen, seine Hausmacht zu erweitern. Die Landesfürsten wählten daher meist einen schwachen Kandidaten zum König, um so ihre eigene Stellung nicht zu gefährden. Zudem versuchten ausländische Mächte, die Königswahl zu beeinflussen.

Das Interregnum wurde 1273 durch Rudolf von Habsburg beendet. Rudolf ebnete dem Haus Habsburg den Weg zu einer der mächtigsten Dynastien im Reich, doch gelang es ihm nicht, die Kaiserkrone zu erlangen. 1308 wurde der Luxemburger Heinrich VII. zum König gewählt. Dieser konnte 1310 seine Hausmacht um Böhmen erweitern und erlangte 1312 die Kaiserkrönung. Heinrich versuchte ein letztes Mal, das Kaisertum zu erneuern, doch starb er schon 1313. In Deutschland hatte er sich gegen die Expansion Frankreichs gestemmt und eine seltene Eintracht der großen Häuser erreicht.

Im 14. Jahrhundert führten Überbevölkerung, Missernten und Naturkatastrophen zu Hungersnöten. In den Jahren 1349 und 1350 starb ein Drittel der Bevölkerung an der Pest. Die Agrarkrise löste eine Landflucht aus. Es dauerte etwa 100 Jahre, bis die Bevölkerungszahl wieder den Stand vor der Pest erreichte. 1314 kam es nach dem Tod Heinrichs VII. zu einer Doppelwahl, doch setzte sich der Wittelsbacher Ludwig der Bayer durch. Aber der Papst verweigerte Ludwig die Approbation. 1338 wurde jedoch im Kurverein von Rhense die Forderung nach einer Bestätigung der Königswahl durch den Papst zurückgewiesen. Im Reich formierte sich eine von den Luxemburgern geführte Opposition gegen Ludwig. 1346 wurde der Luxemburger Karl IV. zum König gewählt. Zu einer Konfrontation mit Ludwig kam es jedoch nicht mehr, da dieser bald darauf starb.

Große politische Nationen des mittelalterlichen Europas

Karl IV. verlegte seinen Herrschaftsschwerpunkt nach Böhmen. Er begründete ein Königtum, welches fast ausschließlich Hausmachtpolitik betrieb und kaum etwas mit dem universalen Kaisertum der Staufer zu tun hatte. 1348 wurde in Prag die erste deutschsprachige Universität im Heiligen Römischen Reich gegründet. 1355 wurde Karl zum Kaiser gekrönt. Die Goldene Bulle von 1356 stellte bis zum Ende des Heiligen Römischen Reichs eine Art Grundgesetz dar. Ihr Hauptziel war die Verhinderung von Gegenkönigen und Thronkämpfen.

Unter dem Nachfolger Karls verfiel die Königsmacht endgültig. König Sigismund erreichte zwar 1433 die Kaiserkrönung, war jedoch nicht in der Lage, das Königtum zu stabilisieren. Eine Reichsreform scheiterte 1434 am Widerstand der Landesfürsten. Durch die Einberufung des Konzils von Konstanz konnte er allerdings das Abendländische Schisma beenden. Die Hinrichtung von Jan Hus führte jedoch zu andauernden Kriegen gegen die Hussiten. Mit dem Tode Sigismunds erlosch das Haus Luxemburg in männlicher Linie.
Die Habsburger traten die Nachfolge an. Der Habsburger Maximilian I. war wegen der Türkenkriege und des Kampfes gegen Frankreich um Italien auf die Unterstützung der Reichsstände angewiesen. 1495 wurde auf dem Wormser Reichstag eine Reichsreform beschlossen. Maximilian nahm 1508 ohne päpstliche Krönung den Kaisertitel an und beendete damit die Zeit der Krönungszüge Deutscher Könige nach Rom. Habsburg stieg unter Karl V. zur Weltmacht auf, das Mittelalter ging zu Ende.

Eine ebenso bedeutsame Rolle spielten die politischen Verhältnisse im mittelalterlichen Frankreich.

Die zentrale Lage Frankreichs hatte bereits im Mittelalter immer wieder massive politische Auswirkungen auch auf die angrenzenden Nationen. Neben dem Deutschen Reich war vor allem England hier besonders stark verwickelt. Nach dem Zerfall des Weströmischen Reiches erhielt das Westfränkische Reich 843 die Eigenständigkeit. Im 10. Jahrhundert konnten sich die letzten französischen Könige aus dem Hause der Karolinger jedoch nur mühsam gegen die weltlichen Lehnsfürsten ihres Landes halten.

Als sie auch noch von außen durch die Normannen bedroht wurden, mussten sie 911 den Nordleuten das Land an der unteren Seine, die ,,Normandie", als erbliches Herzogtum überlassen. Nach dem Aussterben der Karolinger folgten fast 350 Jahre lang Könige aus dem Hause der Capetinger. Durch Hugo Capet, der 987 zum König gewählt wurde, erfolgte die Gründung der Dynastie der Capetinger, die in Nebenlinien bis ins 19. Jahrhundert herrschte.

Mit dem Aufstieg der Capetinger war ein kultureller Höhenflug verbunden. Zur Universität Paris strömten Schüler aus ganz Europa; im Süden des Landes entwickelte sich die Troubadourlyrik zur Hochkunst und bestimmte den gesamten Lebensstil. Im Laufe der Zeit gelang es ihnen, ihrer Widersacher im Inneren Frankreichs, gestützt auf das Lehnswesen, Herr zu werden.

Im Unterschied zu Deutschland gelang es dem französischen König, Lehen widerspenstiger Vasallen wieder an sich zu ziehen und den Treuvorbehalt der Vasallen konsequent durchzusetzen. Die Kronvasallen durften den Treueid eines Untervasallen nur entgegennehmen, wenn dieser versicherte, dass das Treueverhältnis gegenüber dem König dadurch nicht beeinträchtigt würde. Dadurch wurde der König auf Kosten seiner Vasallen stark und konnte auf Dauer eine Erbmonarchie durchsetzen. Frankreich entwickelte sich zu einem vom König zentral regierten Staat. Im Kloster St. Denis bei Paris, wo die Königskrone aufbewahrt wurde, befand sich seit dem 13. Jahrhundert die Grablege der französischen Könige.

Heinrich II., Herzog der Normandie und seit 1154 König von England, erwarb durch Heirat mit Eleonore von Guyenne große Teile Frankreichs und verstärkte so den Einfluss der Engländer im Land. Durch den Sieg über den englischen König Johann gewann Philipp II. alle bisherigen englischen Besitzungen nördlich der Loire zurück. In den unerbittlichen Kriegen gegen die Albigenser, die von der Kirche der Ketzerei bezichtigt wurden, dehnten die Könige in Übereinstimmung mit dem Papst ihre Herrschaft bis ans Mittelmeer aus. Das königliche Hofgericht in Paris. das bei schweren Verbrechen das endgültige Urteil zu fällen hatte. wurde zum zentralen Gericht für das gesamte Land.

Große politische Nationen des mittelalterlichen Europas

Als 1302 Papst Bonifaz VIII. verkündete, dass die weltliche Gewalt der päpstlichen untergeordnet sei, ließ ihn Philipp IV. der Schöne gefangen nehmen. Der Papst führte nun seinen Kampf um weltliche Herrschaftsansprüche mit dem französischen König, nicht mehr wie früher mit dem deutschen Kaiser. Philipp IV. stärkte die Königsmacht und erkämpfte Frankreich bis Ende des 13. Jahrhunderts die Vormachtstellung in Europa. Ein Nachfolger des Papstes Bonifaz verlegte den Sitz der Kurie nach Avignon in Südfrankreich. Solange die Päpste hier residierten, standen sie unter dem Einfluss der französischen Könige.

Nachdem das französische Königshaus der Capetinger 1328 ausgestorben war, übernahm das verwandte Haus der Valois die französische Krone; aber auch der englische König aus dem Hause Plantagenet erhob Erbansprüche. Darüber brach der Hundertjährige Krieg zwischen England und Frankreich aus. Die englischen Truppen waren auf dem Festland siegreich; der französische König geriet in englische Gefangenschaft und musste 1360 den Hafen von Calais und ganz Südwestfrankreich dem englischen König überlassen. Zwar wurde das verlorene Gebiet bald wieder zurückerobert, doch der englische König setzte 1415 den Krieg fort. Ihm schloss sich der mächtigste Lehnsmann des französischen Königs, der Herzog von Burgund, an.

Der französische König verlor ganz Frankreich nördlich der Loire mit Paris und der Krönungsstadt Reims. Das Kriegsglück wandte sich erst, als 1429 Jeanne d'Arc, die Jungfrau von Orleans, auftrat, ein etwa 17 Jahre altes Bauernmädchen aus Lothringen. Sie fühlte sich durch innere Stimmen beauftragt, den jungen französischen König Karl VII. zur Krönung nach Reims zu führen und Frankreich von den Engländern zu befreien. Sie flößte den verzagenden französischen Soldaten neuen Mut ein, befreite das belagerte Orleans und führte ihren König zur Krönung nach Reims. Durch ihren Einfluss gelangen die Aufhebung der englischen Belagerung von Orléans und damit eine entscheidende Wendung im Krieg gegen England. Nach dem Sieg in Paty kam es zur Krönung Karls in Reims. Am 25.3.1430 geriet Johanna von Orleans in die Gefangenschaft der Burgunder, die mit den Engländern verbündet waren und sie diesen auslieferten.

Sie wurde in Rouen von einem geistlichen Gericht als Ketzerin zunächst zu lebenslanger Haft verurteilt und nach der Rücknahme des ihr abgepressten Widerrufs ihrer Sendung auf dem Scheiterhaufen verbrannt.

England und Frankreich verband das Mittelalter in einer besonderen politischen Verflechtung, die immer wieder durch lang anhaltende militärische Auseinandersetzungen geprägt war.

Das englische Volk setzt sich aus keltisch-römischen und germanischen Bevölkerungsteilen zusammen. Der römische Name Britannien ist von dem keltischen Stamm der Briten abgeleitet. Nach dem Abzug der Römer wurde England im 5. Jahrhundert von den Angeln, Sachsen und Jüten erobert und besiedelt. König Alfred der Große führte schwere Kämpfe gegen die seit 800 immer wieder eindringenden Dänen, die schließlich die Herrschaft über die Insel gewannen.

1066 wurde England durch Herzog Wilhelm von der Normandie erobert. Wilhelm belehnte seine normannischen Ritter mit Grundbesitz, und von neu erbauten Burgen aus beherrschten sie das eroberte Land. Am englischen Hof sprach man seither Französisch. Die Normannen bildeten die lehnsrechtlich organisierte ritterliche Oberschicht, der König belehnte sie mit erobertem Land. Die Angelsachsen blieben Bauern oder Händler. Als Herzog der Normandie war Wilhelm auch weiterhin Lehnsmann des Königs von Frankreich.

Nachdem 1154 das französische Herzogsgeschlecht der Plantagenets aus Anjou, dem der ganze Norden und Westen Frankreichs gehörte, den englischen Thron geerbt hatte, entstand das englisch-französische Doppelreich beiderseits des Kanals. Der englische König war nun in Frankreich mächtiger als sein Lehnsherr, der französische König.

König Johann, Bruder von Richard I. „Löwenherz“, geriet wegen seiner andauernden hohen Geldforderungen in Konflikt mit dem hohen Adel, den so genannten Baronen, und der Geistlichkeit.

Als Zeichen seiner Schwäche galt auch, dass er sein Reich vom Papst zum Lehen nahm. Im Kampf mit dem französischen König, der einen Angriff auf England geplant hatte, wurden Johann und sein Verbündeter, der deutsche König Otto IV., in der Schlacht bei Bouvines 1214 auf französischem Boden besiegt. In dieser Schlacht, in der auch der deutsche Thronstreit zwischen Otto IV. und dem jungen Kaiser Friedrich II. entschieden wurde, verlor der König von England seine Festlandsbesitzungen nördlich der Loire.

So geschwächt, wurde Johann 1215 von der Adelsopposition gezwungen, den großen Freiheitsbrief, die "Magna Charta Libertatum" zu erlassen. Darin wurde der König an bestimmte Rechtsgrundsätze gebunden; er wurde verpflichtet, auf den Rat der adeligen Barone zu hören. Seit dem Hoftag von 1254 wurden zunächst Vertreter des niederen Adels hinzugezogen. Im 14. Jahrhundert tagten Adel und Geistlichkeit getrennt von den zahlreichen Vertretern der Grafschaften.

Noch Heinrich II. hatte Irland erobert. Eduard I. eroberte Wales und vorübergehend auch Schottland. Doch behauptete Schottland über das Mittelalter hinaus seine Unabhängigkeit und war seit 1295 ständig ein Bundesgenosse Frankreichs. Unter Eduard III. begann der Hundertjährige Krieg, den England schließlich verlor. Die Belastungen dieser langen Auseinandersetzungen lösten einen schweren inneren Kampf zwischen den beiden hochadeligen Häusern von Lancaster und York aus.

In den dreißig Jahre dauernden Rosenkriegen von 1455 bis 1485 rottete sich der englische Hochadel zum größten Teil selbst aus. Erst unter der starken Hand der Herrscher aus dem Hause Tudor kam England wieder zur Ruhe. Heinrich VIII. löste die englische Kirche von Rom und nahm die Eroberung Irlands wieder auf.

Große politische Nationen des mittelalterlichen Europas

In der Mitte Europas entwickelte sich eine politische Macht, die ihre Rechtfertigung im katholischen Glauben sucht - der Kirchenstaat.

Als Pippin III. 751 zum König der Franken gewählt wurde, ließ er sich von Papst Zacharias die Wahl bestätigen. Die späteren Expansionsbestrebungen des Langobardenkönigs Aistulf in Italien bewogen Papst Stephan II. 754 dazu, sich von Byzanz abzuwenden und die Franken als Gegenleistung für deren Legitimierung um Schutz zu bitten. Pippin versprach als christlicher König, die von den Langobarden zurückeroberten Gebiete dem Nachfolger Petri zu übereignen. In der Urkunde von Quierzy 754 garantierte er dem Papst Rom, Ravenna, Tuszien, Venetien, Istrien und die Herzogtümer Spoleto und Benevent als kirchliche Territorien. Diese Zusage wurde als Pippinische Schenkung bekannt und gilt als Grundlage des Kirchenstaates.

Die Kaiserkrönung von Pippins Sohn, Karl dem Großen, durch Papst Leo III. am Weihnachtstag 800 kann mehr oder weniger als Gründungszeitpunkt des Heiligen Römischen Reiches als Nachfolger des antiken römischen Reiches gelten; zugleich begründet die Krönung auch die besondere Schutzbeziehung zwischen dem Karolingerreich und dem Kirchenstaat. Der Kirchenstaat reichte nun von Küste zu Küste. 962 wurde die Pippinische Schenkung durch Kaiser Otto I. im Privilegium Ottonianum bestätigt, in der Goldbulle von Eger erkannte Kaiser Friedrich II. den Kirchenstaat offiziell an. 1201 kam das ihm garantierte Herzogtum Spoleto hinzu.

Im 15. Jahrhundert kamen weitere Gebiete um Parma, Modena, Bologna, Ferrara, Romagna und Perugia hinzu. Der Kirchenstaat reichte nun bis an die Grenzen des pippinischen Schenkungsversprechens und hatte unter Papst Julius II. seine größte Ausdehnung erreicht. Die Bedeutung des Kirchenstaats als territoriales Herrschaftsgebilde sank ab dem 16. Jahrhundert wieder, er konnte sich im Ringen um die Herrschaft in Italien nicht über andere Territorialherren in Italien erheben und war immer von anderen Großmächten abhängig.

Große politische Nationen des mittelalterlichen Europas

Zeitweilig gingen Teile des Kirchenstaates – etwa Ferrara oder Urbino – als erbliche Herzogtümer mächtiger Fürstendynastien gänzlich verloren, doch gelang es den Päpsten um 1600, diese Gebiete zurück zu gewinnen. Politische, wirtschaftliche aber auch religiöse Motive führten zur Gründung der Kreuzfahrerstaaten.

Als Kreuzfahrerstaaten galten, als Ergebnis des Ersten Kreuzzugs, in Palästina und Syrien das Königreich Jerusalem, das Fürstentum Antiochia, die Grafschaft Edessa und die Grafschaft Tripolis. Die Kreuzfahrer waren zwar militärisch den Muslimen unterlegen, konnten sich jedoch aufgrund der ständigen Kriege zwischen den islamischen Mächten halten. Dies machte es Ihnen möglich das Küstenland zu besetzten und für Verstärkung offen zu halten.

Die Grafschaft Edessa wurde im Jahre 1098 als erster Kreuzfahrerstaat gegründet. Unter Joscelin II fiel sie bereits 1144 gegen den islamischen Herrn von Mosul und Aleppo, was der Grund für den Zweiten Kreuzzug war. Das ebenfalls 1098 ins Leben gerufene Fürstentum Antiochia wurde unter seinem ersten normannischen Herrschern Bohemund von Tarent und seines Neffen Tankred mittels Eroberungen gegen die Muslime und Byzanz ausgeweitet. Sie hinterließen einen starken Staat, für den jedoch Raimund von Poitiers 1137 dem byzantinischen Kaiser huldigen musste. 1268 wurde das inzwischen wirtschaftlich verarmte Antiochia von dem Mamelukenheer des Sultans Baibars von Ägypten eingenommen. Im Jahr 1289 fiel Tripolis, welches 1109 als letzter der Kreuzfahrerstaaten errichtet und Bertrand von St. Gilles als vasallitische Grafschaft des Königreichs Jerusalems verliehen wurde.

Unter Balduin I., dem ersten König von Jerusalem und seinen nächsten Nachfolgern Balduin II., Fulko von Anjou und Balduin III. konnte das Gebiet vergrößert werden und so gegen die Sarazenen standhalten. Saladin besiegte 1187 die Kreuzfahrer bei Hattin und nahm anschließend Jerusalem ein. Die Christen gewannen 1191 unter der Führung von Richard Löwenherz Akko zurück, welcher 1192 mit Saladin die christliche Herrschaft im Küstenstrich von Tyrus bis Jaffa vertraglich vereinbarte.

Große politische Nationen des mittelalterlichen Europas

Der Kreuzzug Friedrichs II, welcher sich 1229 zum König von Jerusalem krönte, brachte Jerusalem und weitere Gebiete wieder unter die Kontrolle der Kreuzfahrer. 1244 ging Jerusalem jedoch endgültig verloren. Akko, der Mittelpunkt des restlichen Königreichs wurde durch innere Gefechte geschwächt und fiel 1291.

Das Königreich Zypern wurde ebenfalls zu den Kreuzfahrerstaaten gezählt. Zypern wurde während des 3. Kreuzzuges gegründet. Richard Löwenherz eroberte die Insel auf seinem Weg ins Heilige Land. In der Folgezeit wurde Zypern bis 1489 das Herrschaftsgebiet der entthronten Könige von Jerusalem. Das Königreich Kleinarmenien war ein weiterer christlicher Staat am Rande der Kreuzzüge. Das Königreich etablierte sich einige Jahre zuvor unter einheimischen Herrschern auf der Flucht vor den Seldschuken und konnte sich ungefähr 300 Jahre halten.

Vom Frühmittelalter über das Hochmittelalter bis zum Spätmittelalter war Europa, durch politische und religiöse Interessenskonflikte getrieben, ein immerwährender Unruheherd. Wenn sich die kriegerischen Auseinanderssetzungen nicht auf dem europäischen Festland manifestierten, dann wurden sie mit den Kreuzzügen übers Meer in den Nahen Osten getragen. Doch auch mit der Renaissance fand diese Entwicklung leider kein Ende.

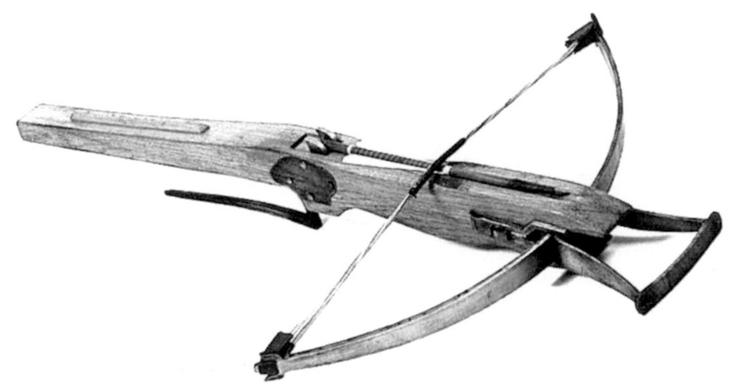

Entwicklung der Schuss- und Fernwaffen des Mittelalters

Unser allgemeines Verständnis vom Kriegswesen des Mittelalters geht stark romantisch verklärt davon aus, dass es die Ritter waren, die in den Jahren 800 bis 1400 nach Christus die europäischen Schlachtfelder beherrschten. Diese Ritter zu Pferd trugen glänzende Rüstungen und waren mit Lanzen bewaffnet, um jede Fußtruppe, die sich ihnen in den Weg stellte niederzumachen, um dann im Kampf gegen gegnerische Ritter ehrenhaft die Schlacht zu entscheiden.

Eine erste bildliche Vorstellung liefert uns der Teppich von Bayeux, der die normannische Eroberung Englands bis zum Sieg bei Hastings auf 80 Metern Länge darstellt. Normannische Ritter, geschützt durch Kettenhemden, bewaffnet mit Lanze und Schwert besiegen überlegen die zu Fuß kämpfenden Angelsachsen.

Die Vorstellung aber, dass Ritter und ihre berittenen Angriffe die Kriegsführung des gesamten Mittelalters beherrschten, entspricht nicht der Wahrheit. Ritter in schweren Rüstungen lösten bald neue Entwicklungen aus, denn die herkömmlichen Waffen reichten nicht aus, um sich gegen sie zur Wehr zu setzen. So entstanden neue Waffentypen, die zur Abwehr und zum Angriff gegen diese Ritter dienten. Die revolutionärsten technischen Neuerungen des militärischen Mittelalters waren die Entwicklungen von Kanonen und Handfeuerwaffen.

„Ritter" war die Bezeichnung für die schwer gerüsteten und in der Regel adligen, berittenen Krieger des europäischen Mittelalters. Die politische Grundlage des europäischen Rittertums war der Feudalismus. Im Mittelalter prägten diese gepanzerten Ritter das Bild der Schlacht, die als Vasallen ihrer Herren für diese in den Kampf zogen, gefolgt von den eigenen Knechten. Erst im weiteren Verlauf des Mittelalters warben Städte und Landesherren auch immer mehr besoldete Fußsoldaten für einzelne Feldzüge an.

Im 13. Jahrhundert war aus dem einfachen Reiterkrieger der soziale Stand des adeligen Rittertums entstanden. Die feudale Kriegspflicht war zur Grundlage eines ritterlichen Kriegsdienstes geworden.

Entwicklung der Schuss- und Fernwaffen des Mittelalters

Von Deutschland aus breitete sich die Ritterkultur bis weit nach Osteuropa aus. Besonders in Böhmen entwickelte sie eine eindrucksvolle Ausprägung. Noch heute ist Böhmen das Gebiet mit der höchsten Burgendichte Europas.

Die tatsächliche Dominanz der Ritter fand also ihr Ende, als die Infanterie mit Feuerwaffen und der wieder erstarkten Formationen von Pikenieren die führende Rolle auf dem Schlachtfeld einnahm. Schusswaffen wurden zum wichtigsten Bestandteil jedes mittelalterlichen Heeres. Man kämpfte jetzt mit Bogen, Armbrust und Feuerwaffen.

Schusswaffen wurde außerdem bei den Belagerungen von Burgen und befestigten Städten für beide Seiten immer entscheidender. Die Kriegsführung im Mittelalter wurde wesentlich von den Belagerungen bestimmt. Offene Schlachten kamen eher selten vor. Hier konnten sich die Ritter anfangs noch als wirkungsvoll erweisen. Der entschlossene Angriff von gepanzerten Rittern war noch eine mächtige Waffe. Trotzdem trug meist jene Seite den Sieg davon, die es am besten verstand, Infanterie, Artillerie und Kavallerie miteinander zu kombinieren.

Daneben war auch das niedere Volk in Form des Söldnertums in den Krieg eingebunden. Die immer wichtiger werdenden Fernkampfwaffen wie Bogen, Armbrust und später auch der Arkebusen, denen sich das Rittertum verschloss, waren Ursache für das Erstarken von Infanterie und Söldnertum.

Um seine Gegner schon auf weitere Entfernung außer Gefecht setzen und gar nicht erst in die Verlegenheit eines Nahkampfes zu kommen, setzte der Mensch schon frühzeitig Distanzwaffen ein. Die wohl einfachste derartige Waffe, der Stein als Wurfgeschoss, hat sich bis in die Gegenwart behaupten können.

Im Folgenden wollen wir einen Blick auf die einzelnen Waffengattungen und die dort jeweils geführten Waffen und deren Entwicklung und Technik werfen.

Entwicklung der Schuss- und Fernwaffen des Mittelalters

Bogen

Schon in vorgeschichtlicher Zeit gab es den Bogen, der aus einem biegsamen Stab aus Holz oder Horn bestand und zwischen dessen äußeren Enden eine Sehne gespannt war. Der Bogen wurde sowohl zu Fuß, als auch zu Pferd benutzt, wobei Reiterbogen zwangsläufig kürzer ausfielen, um nicht mit dem Körper des Pferdes bzw. Reiters in Konflikt zu geraten. Unterschiedliche Arten von Bögen spielten während des gesamten Mittelalters eine wichtige Rolle in der Kriegsführung. Sie wurden im direkten Kampf auf dem Schlachtfeld und bei Belagerungen eingesetzt.

Bogen und Armbrust boten die Möglichkeit, dem Gegner bereits aus der Entfernung Verluste zuzufügen. Bogenschützen wurden als bewaffnete Truppen eingesetzt, die die Moral der gegnerischen Truppe bereits im Vorfeld des eigentlichen Gefechts schwächen sollten. Im Mittelalter wurden verschiedene Typen von Bögen verwendet, darunter der Langbogen und der Reiterbogen.

Langbogen

Der Langbogen ist eine Waffe, die vor allem durch den Einsatz in mittelalterlichen Schlachten bekannt wurde. Zur Unterscheidung des Langbogens von anderen Bogenarten müssen insbesondere zwei Kriterien erfüllt sein: Zunächst muss eine gewisse Länge gegeben sein, diese entspricht in etwa der Größe des Schützen. Des Weiteren darf die Sehne den Langbogen nur an den Sehnenaufhängungen, den so genannten Tips, berühren. Ein Langbogen stellt besonders hohe Anforderungen an die Druckfestigkeit des Holzes, denen nur ausgesuchte Holzsorten und -qualitäten gerecht werden.

Der Langbogen fand weite Verbreitung in England. Es war ein etwa 1,80 m langer Bogen, der aus einem einzigen Stück Eibenholz gefertigt wurde. Es scheint heute als gesichert zu gelten, dass die Bögen des Mittelalters, von wenigen Ausnahmen besonders kräftiger Schützen abgesehen, um die 80 Pfund, also etwa 36 kg, Zuggewicht gehabt haben. Dies führte zu einer sehr hohen Durchschlagskraft der Pfeile. Kettenrüstungen, Plattenrüstungen oder dicke Eichenbohlen konnten Langbogenpfeilen durchschlagen.

Entwicklung der Schuss- und Fernwaffen des Mittelalters

Eibenholz galt im Mittelalter wegen seiner Härte und Elastizität als das beste Holz für Bögen. Die außerordentliche Tauglichkeit für die Waffenherstellung führte jedoch zu Übernutzung und Vernichtung von Eiben. Jedes Handelsschiff, das während des Spätmittelalters in England Handel treiben wollte, musste eine bestimmte Anzahl Eibenrohlinge mit sich führen. Das führte im Endeffekt dazu, dass der europäische Eibenbestand so stark zurückging, dass dieser sich bis heute nicht richtig erholt hat.

Vor allem während des Spätmittelalters wurden die einst reichen Eibenwälder regelrecht geplündert. Allein zwischen 1531 und 1590 wurden etwa 500.000 Eibenbögen aus Nürnberg und Bamberg über Köln nach Westen exportiert. Jährlich wurden in Süddeutschland über 10.000 Eiben allein für militärische Zwecke gefällt.

Reiterbogen

Ein Reiterbogen ist ein Kompositbogen, der vorwiegend von berittenen Kriegern verwendet wurde. Er konnte aber selbstverständlich auch vom Boden aus eingesetzt werden. Aufgrund der gewellten Form des Reiterbogens wurde dieser nicht nur aus Holz sondern auch aus Sehnen und Horn gefertigt. Der Vorteil der Verwendung von Horn und Sehnen besteht in ihrer höheren Fähigkeit, Energie zu speichern und sie wieder an den Pfeil abzugeben. Das Horn übernimmt die Druckbelastung auf der Innenseite, also der dem Schützen zugewandten Seite, die Sehnenbündel die Zugbelastung auf der Außenseite.

Der Bogen erforderte mehr Kraft und Übung als der einfache Bogen. Der relativ kurze Bogen war insbesondere die bevorzugte Waffe der berittenen Bogenschützen. Ein Sehnenbelag ist ein im Bogenbau verwendeter, organischer Faserverbundwerkstoff, bestehend aus Tiersehnen und einem Tierleim. Ein Sehnenbelag ist meist integraler Bestandteil eines Kompositbogens, wird gelegentlich aber auch gebraucht um einen beschädigten Holzbogen vor dem Bruch zu bewahren. Zweck eines festen Sehnenbelages ist manchmal zwar auch der Schutz von spröden Bogenhölzern vor Bruch, meistens wird er aber verwendet, um hochwertige Bogenhölzer noch leistungsfähiger zu machen.

Die größten Nachteile eines festen Sehnenbelages sind seine Empfindlichkeit gegen Wasser sowie der sehr, sehr aufwändige Herstellungsprozess, der jedoch angesichts der langen Lebensdauer nicht zu sehr ins Gewicht fällt. Bevorzugt wurden Sehnen von Rind, Elch, Hirsch, Rentier und Büffel, von diesen insbesondere Fußsehnen, Achillessehnen und Rückensehnen, da bis zu 50 cm lang. An Leimen sind Hautleim, Fischleim oder seltener Kaseinleime geeignet. Der beste natürliche Leim, der Hausenblasenleim, wurde manchmal zugesetzt um die Klebkraft zu erhöhen.

Mongolische und türkische Reiterbögen hatten ein Zuggewicht von durchschnittlich 75 Pfund und schossen speziell abgestimmte leichte Pfeile 500 bis 800 m weit. Diese Kompositbögen waren - entgegen der landläufigen Meinung - in Reichweite und Durchschlagskraft dem Langbogen durchaus ebenbürtig. Mittels spezieller „panzerbrechender“ Pfeile war es beispielsweise den mongolischen Reitern möglich, auch schwere Rüstungen zu durchdringen.

Pfeil

Ein Pfeil ist das Geschoss einer Bogenwaffe, die Geschosse einer Armbrust bezeichnet man im Gegensatz dazu üblicherweise als Bolzen. Die Pfeile der Langbögen waren meist über 1 m lang und ursprünglich mit Pergament, später mit Federn zur Stabilisierung der Flugbahn befiedert. Im Laufe der Geschichte wurden für Pfeile die unterschiedlichsten Befiederungen verwendet, wobei mittelalterliche Bogenschützen Gänsefedern bevorzugten.

Die Befiederung dient im Wesentlichen dazu, den aerodynamischen Druckpunkt weit genug hinter den Schwerpunkt zu legen. Nur dadurch kann der Pfeil stabil der Flugparabel folgen. Beim Militär wurden sie meistens ohne Köcher mitgeführt, sondern schlicht zu Bündeln zusammengeschnürt und an den Gürtel gebunden. Im Gefecht steckte der Schütze das geöffnete Bündel einfach vor sich in den Boden und hatte so einen sehr schnellen Zugriff. Geübte englische Bogenschützen konnten in einer Minute gut 10 Pfeile verschießen, daher lag die Wirkung auch in erster Linie im Massenschuss.

Entwicklung der Schuss- und Fernwaffen des Mittelalters

Die verheerende Wirkung eines solchen Beschusses musste die französische Ritterschaft in der Schlacht von Agincourt 1415 erfahren, als das zahlenmäßig weit unterlegene englische Heer dank seiner 4.000 Langbogenschützen die prächtig gerüsteten edlen Herren mit einem Pfeilhagel erst dezimierte und schließlich vernichtend schlug. Kettenrüstungen, Plattenrüstungen oder gar dicke Eichenbohlen konnten Berichten zufolge von Langbogenpfeilen durchschlagen werden. Die Spitze kann entweder als Hülse auf einen konisch geformten Schaft aufgesetzt werden, oder ein Dorn an der Spitze wird in eine Bohrung bzw. Kerbe im Schaft gesetzt. Die Spitzen werden durch kleben oder aufschrauben befestigt. Mittelalterliche Spitzen waren oft zusätzlich mit einer Garnwicklungen gesichert.

Vor allem zu Kriegszwecken gab es früher zahlreiche Spitzenformen. Eine typische war die „bodkin"-Spitze, welche durch ihren lange schmale Keilform in die vernieteten Ringe des Kettenhemdes eindringen und sie so aufsprengen konnte. Zudem war sie sehr einfach zu schmieden. Zum gezielten Töten von Pferden, die seltener als ihre Reiter durch eine Rüstung geschützt waren, verwendete man besonders breite Pfeilspitzen.

Für die defensiven Aufgaben war das englische Fußvolk oftmals bis zur Hälfte seiner Stärke mit dem Bogen bewaffnet. Die Bogenschützen gingen üblicherweise nur leicht gerüstet in die Schlacht, trugen eine Brigantine, Unterarmschutz und starke Lederhandschuhe. Im traditionell geprägten England misstraute man offensichtlich der Wirkung der damaligen Feuerwaffen und behielt den Bogen noch bis zum Beginn des 17. Jahrhunderts bei.

Brandpfeil

Ein Brandpfeil war ein spezieller Pfeil, dessen Zweck es war, Brände zu verursachen. Die Waffe war schon seit der Antike bekannt. Die Spitze eines Brandpfeils hatte direkt hinter der eigentlichen Spitze einen metallenen Käfig, in den brennbares Material eingebracht werden konnte, so dass die Hitze direkt auf das Ziel wirkte, den Schaft aber nicht vorzeitig beschädigte. Brandpfeile waren z. B. mit Erdöl, anderen Sorten Öl oder Pech getränkt.

Auch die Kombination von Eisenspänen mit Kalk, Schwefel und Salpeter in Kombination mit leicht brennbarem Material waren ebenfalls wirkungsvoll. Brandpfeile besaßen häufig eine als kleines Körbchen ausgearbeitete Spitze, die mit brennendem Material geladen und auf hölzerne Festungen oder Dächer abgeschossen wurde. Für die Menschen in einer Burg oder Stadt waren Brandpfeile eine verheerende Sache. Brandpfeile waren damals hoch effektive und preiswerte Waffen. Brandpfeile konnten sowohl von Bogen als auch von Armbrüsten abgeschossen werden.

Bogenschütze

Langbogenschützen waren hoch spezialisierte und gut ausgebildete Einheiten. Die Engländer führten ein großes Kontingent Langbogenschützen mit sich. Dabei wurde vermutlich mehr Wert auf die Schuss-Menge als auf die Ziel-Genauigkeit gelegt, da in einer Schlacht wohl eher Gebiete beschossen wurden als Einzelziele.

Die korrekte Handhabung eines Langbogens erforderte eine langwierige Ausbildung und sehr viel Übung. Langbögen hatten eine große Reichweite und hohe Durchschlagskraft. Erfahrene Langbogenschützen stellten auf vielen Schlachtfeldern des Mittelalters eine verheerende Streitmacht dar. Sie konnten gezielte Einzelschüsse abgeben oder ein ganzes Gebiet mit einem Pfeilhagel überziehen.

Gute Schützen konnten sechs gezielte Schüsse pro Minute abgeben. 1.000 Schützen konnten so in der Minute 500 kg Pfeile verschießen. Die Engländer förderten den Gebrauch des Langbogens, zeitweise war jeder andere Sport verboten. Jede englische Grafschaft war dem Gesetz nach verpflichtet, pro Jahr eine bestimmte Anzahl an Bogenschützen zu stellen. Im Einsatz gegen die Infanterie wurden Pfeile mit breiten Spitzen gewählt, um die Lederrüstung der Soldaten zu durchdringen und Fleischwunden zu verursachen.

Wurden sie gegen Ritter in Rüstung eingesetzt, so wurden die Pfeile mit schmalen Spitzen versehen, um Kettenhemden und Metallrüstungen zu durchbohren.

Entwicklung der Schuss- und Fernwaffen des Mittelalters

Der massive Einsatz englischer und walisischer Langbogenschützen hat die Schlachten von Crécy 1346 und Azincourt 1415 wesentlich mit entschieden. Der Langbogen wurde seit dem späten 15. Jahrhundert von Feuerwaffen wie der Arkebuse verdrängt, die eine größere Durchschlagskraft entwickelten. Langbögen besaßen zwar eine größere Schussfolge, doch war die Ausbildung eines Arkebusiers deutlich weniger zeitaufwändig.

Berittene Bogenschützen

Als Kavallerie bezeichnet man berittene militärische Einheiten. Das Wort Kavallerie wurde gegen Ende des 16. Jahrhunderts dem gleichbedeutenden französischen Wort cavalerie entlehnt. Dies ist eine Ableitung vom italienischen cavaliere „Reiter“. Die Verwendung des Begriffs Kavallerie für einen Truppenkörper setzt voraus, dass die ganz überwiegende Anzahl dieser Truppe beritten ist und auch kavalleristisch eingesetzt wird. Die Kombination aus Mensch, Bogen, Pfeil und Pferd ist ein sehr wirkungsvolles Waffensystem. Die leichte Reiterei benutzte kleine, schnelle und wendige Pferde. Die Reiter trugen keine oder nur leichte Rüstung. Die klassischen Reitervölker benutzten kurze, starke Bögen von großer Kraft und Reichweite.

Reiterarmeen konnten feindliche Truppen auf Distanz mit Pfeilen überschütten und mussten sich nie auf Nahkämpfe einlassen. Langsamere Gegner ohne wirkungsvolle Fernwaffen waren oft chancenlos. Die großen Schwächen berittener Bogenschützen waren ihr Platzbedarf und ihre leichte Ausrüstung. Wenn sie auf engem Raum zum Nahkampf mit besser gepanzerten Gegnern gezwungen waren, unterlagen sie meist. Außerdem waren sie nicht für die Teilnahme an Belagerungen geeignet. Gute Reitertruppen benötigten viel Ausbildung und sehr gute Pferde.

Die Schlacht von Doryläum (1097) im Ersten Kreuzzug veranschaulicht Vor- und Nachteile der berittenen Bogenschützen: Es gelang den Reiterpulks des seldschukischen Sultans Kilic Arslan I., ein Heer der Kreuzfahrer einzukreisen und auf Distanz zu beschießen. Die Ritter konnten dem Pfeilhagel wenig entgegensetzen. Plötzlich erschien Verstärkung unter Gottfried von Bouillon, und die Seldschuken sahen sich ihrerseits eingekreist.

Sie konnten nicht mehr fliehen und wurden im Nahkampf vernichtend geschlagen. Die Niederlage der Seldschuken bei Doryläum war so vollständig, dass die Kreuzfahrer praktisch unbehelligt Anatolien durchqueren konnten.

Der effektivste Gegner der Kavallerie im Mittelalter waren die Pikeniere, die mit großen Lanzen versuchten, die Pferde zu töten oder den Reiter aufzuspießen. Deshalb schützte man Schlachtrösser in West- und Mitteleuropa seit dem 14. Jahrhundert mit dem so genannten Rossharnisch aus Metallplatten. Allerdings versetzte bereits der Einsatz von Pikenieren dem Ruf der Kavallerie einen schweren Schlag.

Kürassiere

Die Kürassiere waren das Bindeglied zwischen den gepanzerten Lanzenreitern des Mittelalters und der neuzeitlichen Kavallerie. Die Entstehung dieser Truppengattung wurde durch das Aufkommen von Radschlosspistolen in der schweren Reiterei ausgelöst. Erstmals kämpften mit Pistolen bewaffnete Reiterverbände 1547 in der Schlacht bei Mühlberg. Aus ihnen gingen die Kürassiere hervor. Die Kürassiere trugen bis in das 17. Jahrhundert hinein einen so genannten Trabharnisch, der bis zu den Knien reichte und über einen geschlossenen Helm oder eine Sturmhaube verfügte. Die typische Bewaffnung eines Kürassiers bestand seit dem 16. Jahrhundert aus zwei Pistolen und einem Rapier bzw. Reitschwert oder einem Degen.

Armbrust

Das Wort Armbrust leitet sich vom lateinischen „arcoballista“ ab. Die Armbrust ist eigentlich ein auf einer Mittelsäule montierter Bogen, der es dem Schützen ermöglicht die Waffe durch eine Rückhaltevorrichtung für die Sehne ohne Anstrengung gespannt zu halten und dadurch genau zu zielen. Es werden keine langen, elastischen Pfeile verschossen, die unter den auftretenden Beschleunigungskräften zerbrechen würden, sondern kurze, steife Bolzen.

Entwicklung der Schuss- und Fernwaffen des Mittelalters

Die Entwicklung der Armbrust durchlief drei Stufen. Die Armbrust mit hölzernem Bogen stellt die Urform dar. Sie wurde meist beidhändig gespannt, wobei das Laufende der Waffe mit dem Fuß in einem Bügel am Boden gehalten wurde. Spannhilfsmittel mussten wegen der begrenzten Zugkraft noch nicht eingesetzt werden.

Erst stärkere Armbrüste wurden mit dem Spanngürtelhaken gespannt, einem eisernen Haken, der vorn an einem Leibgurt hing. Hier kniete sich der Schütze zum Spannen des Bogens hin, um die Armbrustsehne in den Spannhaken zu legen, setzte dann seinen Fuß in den Bügel und spannte die Armbrust beim Aufstehen oder er hakte den Spanngürtel im Stehen ein, setzte einen Fuß in den Bügel und trat die Armbrust zum Boden hinunter.

Zum Abzug gehörte die Nuss, eine drehbare Scheibe aus horn oder Metal mit einer Einkerbung für die Sehne und einen an der entgegen gesetzten Seite liegenden Einschnitt, in den der Abzugbügel eingriff. Dieser Abzugbügel war ein zweiseitiger Hebel und wurde durch eine Feder in gespannter Lage gehalten. Das Geschoss legte man nach dem Spannen kurz vor der Nuss auf. Es wurde durch einen Bolzenklemmer vor dem Herunterfallen bewahrt. In Deutschland tauchten seit der Mitte des 16. Jahrhunderts Stechermechanismen auf, die das Verreißen beim Abziehen verhindern sollten.

Die leistungsfähigere Form der Armbrust war bereits mit einem Kompositbogen ausgestattet. Der Bogen war bei dieser Variante aus Schichten von Horn und Tiersehnen verleimt und bog sich ohne Bogensehne nach vorn. Diese Art von Bogen kam in Europa wahrscheinlich zu Ende des 12. Jahrhunderts in Gebrauch. Diese Art von Armbrust bedurfte wegen ihrer hohen Zugkraft meist einer Spannhilfe in Form von Flaschenzügen, Hebelkonstruktionen wie Geißfuß und Wippe, Winden oder Schrauben. Der Kompositbogen war jedoch wegen seiner Verleimung sehr empfindlich gegen Feuchtigkeit.

Die leistungsfähigste Armbrust mit stählernem Bogen kam im 14. Jahrhundert auf. Sie war im Gegensatz zur Kompositbogen-Armbrust nicht mehr witterungsanfällig; zum Spannen mussten besondere Hilfen angewendet werden, zum Beispiel eine Zahnrad-Spannwinde mit Kurbel.

Entwicklung der Schuss- und Fernwaffen des Mittelalters

Spätestens den Normannen in Frankreich gelang es, die Armbrust zu einer kriegstauglichen Waffe in Europa weiterzuentwickeln. In der Schlacht von Hastings (1066) setzten die Normannen gegen die Angelsachsen Armbrüste ein. In Europa wurde die Verwendung von Bögen und Armbrüsten in Kämpfen zwischen Christen durch das Zweite Lateranische Konzil 1139 verboten, da sie wegen ihrer Reichweite und ihrer Durchschlagskraft gegen Rüstungen als unritterlich galten. Der Einsatz gegen Heiden blieb jedoch ausdrücklich erlaubt.

Die Kadenz der Armbrust, also die Schussfrequenz, war im Vergleich zu den Langbögen aus England wesentlich langsamer, nämlich nur 1-2 Schuss pro Minute gegenüber max. 10-12 Schuss beim Langbogen. Sie war daher weniger zur offenen Feldschlacht geeignet, sondern mehr als Waffe für Belagerungskämpfe. Allerdings war die Ausbildung des Schützen an der Armbrust einfacher als die des Bogenschützen, so dass sie aufgrund aller Faktoren zur Hauptwaffe der Städter wurde. Die Armbrust hatte eine große Reichweite und oft eine bessere Durchschlagskraft als die meisten Bögen, nahm jedoch wesentlich mehr Zeit für das Laden in Anspruch.

Pavese

Armbrustschützen trugen in der offenen Schlacht oft einen hohen Schutzschild, die Pavese, um sich während des Nachladens zu schützen. Eine Truppe von Armbrustschützen konnte mit diesen Schilden eine Mauer bilden, hinter der sie sich zum Laden verschanzen konnte. Eine Pavese war ein großer rechteckiger Holzschild, der im Mittelalter zumeist bei Belagerungen den Armbrustschützen und Bogenschützen als Deckung diente. Die große Pavese war etwa 2 m hoch und 1 m breit. Sie bestand aus verleimten Leichtholzlatten, welche oft mit Leder oder Stoff überzogen waren und mit Lack oder Farbe wasserdicht gemacht wurden. Am oberen Ende der Pavese befanden sich mitunter Schießscharten, durch welche der gut geschützte Schütze auf den Gegner schießen konnte. Mit am unteren Ende angebrachten eisernen Stacheln konnte man sie im Boden verankern.

Entwicklung der Schuss- und Fernwaffen des Mittelalters

Die Pavese war trotz ihrer Zerbrechlichkeit ein ausgezeichneter Schutz gegen feindliche Pfeile, da sie bei einem Aufprall noch nachgab und so schwierig zu durchschlagen war. Die Pavese wurde häufig in Belagerungen eingesetzt.

Turmarmbrust

Neben den tragbaren Armbrüsten für die Feldschlacht gab es auch größere stationäre Geräte mit höherer Leistung, die auf Schiffen und zur Verteidigung von Burgen und Städten eingesetzt wurden, die so genannte Turmarmbrust oder Flaschenzugarmbrust. Sie war zum Horizontalschuss bestimmt und hatte die typische Armbrustform. Man baute Turmarmbrüste mit einer Länge von bis zu zehn Metern.

Bolzen

Als Geschosse für die Armbrust dienten Bolzen, die gegenüber den Pfeilen viel gedrungener und kürzer waren, eine kräftige Spitze besaßen und am Schaft mit oder ohne Federn sein konnten. Wenn sie auch einfach aussahen, waren bei ihnen das Gewicht und die Schwerpunktlage von entscheidender Bedeutung. Jeder einzelne Bolzen wurde auf die passenden Werte hin geprüft und notfalls durch Kürzen des Schaftes korrigiert. Für Belagerungen bediente man sich besonderer Brandbolzen mit einer gut brennbaren Umhüllung, deren Spitzen Widerhaken hatten, um in den Schindel- oder Strohdächern hängen zu bleiben.

Wurfgeschütze

Neben den tragbaren oder stationären Waffen, die ihre Schusskraft aus der gespeicherten Energie der flexiblen Wurfarme bezogen, kannte man auch große Geschütze, die ihr Geschoss im klassischen Sinne nicht verschossen, sonder warfen, indem ein Wurfarm mittels Gewichten oder der Verwindung von elastischen Elementen, zum Beispiel Seil- oder Sehnenbündeln, in Bewegung versetzt wurde.

Entwicklung der Schuss- und Fernwaffen des Mittelalters

Katapult

Der Onager war ein spätantikes Katapult, ein einarmiges Torsionsgeschütz. Der Wurfarm wurde in einem verdrehten Seilbündel gelagert. Die Seilbündel erfüllten hierbei die Funktion einer Feder und sorgten für die zum Werfen nötige Energie. Am Ende des Wurfarmes wurden in einer Art Schale ein oder mehrere Wurfgeschosse geladen und durch das Lösen einer Sperre weggeschleudert. Er besaß zwei horizontale Hauptbalken, die durch Querhölzer und Spannseile miteinander verbunden waren. Um dem Spannarm, der sich zwischen den beiden Hauptbalken befand, am Ende seiner Schwingbahn zu stoppen, war ein Kissen am Onager angebracht, das sich zwischen den beiden Querhölzern befand. Der Wurfarm wurde mittels einer Winde gespannt.

Große Steinblöcke wurden gegen feindliche Festungen verschossen, mehrere kleinere Projektile auf einmal gegen feindliche Truppenansammlungen. Gegen feindliche Städte wurden auch Brandsätze verwendet. Die beim Lösen des Wurfarms freigesetzte Energie versetzte das Katapult in Bewegung, das dabei mit dem hinteren Ende nach oben wippte. Seine Geschosse konnten 100-350 m weit geschleudert werden, je nach Größe des Wurfarms.

Tribok

Das „Tribok“, „Trebuchet“ oder „Blide“ genannte Gerät war die größte, stärkste und präziseste Wurfwaffe unter den mittelalterlichen Belagerungsmaschinen. Sie bestand fast vollständig aus Holz und die kleineren Modelle waren in zerlegter Form transportabel. Die Schleuderkraft wurde durch ein schweres Gegengewicht am kurzen Ende des Wurfarmes in Verbindung mit extremer Hebelwirkung hervorgerufen.

Am Ende der langen Armseite war eine Schlinge angebracht, in der sich das Geschoss befand. Die Rotation des Wurfarmes und der Schlinge sorgten für eine starke Beschleunigung des Geschosses, worin sich auch die enorme Reichweite dieser Waffe begründete.

Grundsätzlich unterschied man bei Wurfgeschützen zwischen „starrem“ und „beweglichem“ Gegengewicht.

Ein starres Gewicht war fest mit dem kurzen Armenden verbunden und rotiert somit beim Abwurf um die Drehachse. Ein bewegliches Gegengewicht hing frei beweglich am kurzen Armende. Das Gegengewicht folgt der kreisförmigen Bewegung des kurzen Arm-Endes aufgrund der Massenträgheit nur daher teilweise.

Die Wurfweite wurde durch Verändern der Schlingenlänge und des Gegengewichtes justiert. Durch den extrem langen Wurfarm konnte man Steine bis zu 450 Meter weit schleudern. Für damalige Verhältnisse stellte das die größte Reichweite aller Wurf- und Schusswaffen dar.

Die Flugbahn des Geschosses einer Blide ließ sich durch unterschiedliche Einstellung des Abwurfwinkels vorwählen. Für maximale Reichweite wählte man einen hohen Bogenwurf, für den größtmöglichen Schaden an Mauern eine flachere Flugbahn. So konnte auf Wehrgänge, Zinnen und Dächer einer belagerten Burg gezielt werden oder auch direkt auf die Burgmauern.

Die Maschine bestand fast vollständig aus Holz und war zerlegt auf Fuhrwerken transportabel. Auch der Neubau aus behauenen Baumstämmen vor Ort war mit einer Mannschaft von ca. einem Dutzend Holzfällern und Zimmerleuten in 2-3 Tagen möglich.

Bau und Bedienung einer Blide setzte großes Fachwissen voraus. Der „Blidenmeister“ war ein gut ausgebildeter Spezialist. Einige kleinere Bliden waren mit Rädern ausgestattet, um das Justieren und Zielen zu erleichtern. Vorgänger war die in Mitteleuropa bereits seit dem 10. Jahrhundert nachweisbare Zugblide, bei der bis zu 50 Mann mit Seilen den kurzen Hebelarm ruckartig nach unten zogen. Aufgrund der geringeren Zugkraft von Menschen gegenüber einem wahrscheinlich bis zu über 15 Tonnen schweren Gegengewicht bei der Blide konnte die Zugblide nur Geschosse deutlich geringeren Gewichts verschießen. Außerdem war sie weniger präzise, da die Zugleistung der Mannschaft von Wurf zu Wurf variierte.

Entwicklung der Schuss- und Fernwaffen des Mittelalters

Feuerwaffen

Feuerwaffen sind Schusswaffen, bei denen ein Projektil durch den bei der Verbrennung von Schießpulver entstehenden Gasdruck durch einen Lauf getrieben wird. Feuerwaffen kamen in Europa kurz nach der Einführung des Schwarzpulvers ab etwa 1320 zum Einsatz.

Zunächst wurden mit ihnen feste Plätze verteidigt oder auch angegriffen, da ihr Transport als Feldgeschütz anfangs sehr schwerfällig war. Bald aber wurden die Waffen leichter und führten zu einer völlig neuen Art der Kampfführung. War vor der Einführung der Feuerwaffen der persönliche Kampf Mann gegen Mann entscheidend, so bildete die Fernwirkung der neuen Waffen neue Kampftaktiken heraus: die Geviert-Aufstellung der Infanterie verschwand vollständig und wurde durch eine weniger tief gestaffelte Aufstellung ersetzt bis zur höchsten damals denkbaren Feuerwirkung bei der Taktik Friedrichs des Großen, der Lineartaktik.

Feuerwaffen, die ein Mann allein tragen und bedienen kann, nennt man Handfeuerwaffen. Dazu gehören auch die mit nur einer Hand bedienbaren Faustfeuerwaffen. Sind mehrere Männer zur Bedienung einer Waffe notwendig, zählt sie zu den Geschützen. Viele Bezeichnungen sind in beiden Gruppen gleich, bezeichnen aber teilweise ganz unterschiedliche Gegenstände. Der Begriff "Büchse" stand anfangs für Geschütze, später für Handrohre und seit dem Beginn des 17. Jahrhunderts bis heute für Gewehre mit gezogenem Lauf.

Handfeuerwaffen

Die erste Feuerwaffe war der „Eisentopf", der wohl zuerst 1324 in Metz eingesetzt wurden. Eisentöpfe waren bauchige Gefäße, die auf Gestellen lagen und schwere Pfeile verschossen. Diese provisorischen Kleingeschütze waren zugleich die Ahnherren der Handrohre - der ersten Handfeuerwaffen der Geschichte. Die Entwicklung der Handrohre begann etwa zeitgleich mit der Entwicklung der ersten Feuergeschützen der Artillerie: Bombarde, Mörser, Feldschlange, Kanone.

Entwicklung der Schuss- und Fernwaffen des Mittelalters

Erst gegen Ende des 14. Jahrhunderts kommen Handfeuerwaffen in unterschiedlicher Bauweise auf. Die ersten Handfeuerwaffen waren Vorderlader, d.h. die Kugeln wurden von vorne in die Rohrmündung geschoben. Die Zündung erfolgte zunächst über eine Lunte, die an das mit Pulver gefüllte Zündloch gehalten werden musste. Dies war äußert umständlich, denn eine Person allein konnte nicht zugleich zielen und abfeuern.

Einfacher gestaltete sich dies, als man den Hahn erfand, in den eine Lunte eingeklemmt wurde. Wenn der Schütze den Luntenhahn niederschlug, entzündete sich das Pulver in der Zündpfanne, reagierte mit dem Schusspulver und der Schuss ging los. Dem Luntenhahn folgte die Entwicklung des Luntenschlosses. Jetzt genügte ein Fingerdruck, um den Hahn mittels einer Feder nieder schnappen zu lassen.

Handbüchse

Aus der Ruine der im Jahre 1399 zerstörten Burg Tannenberg in Hessen stammt der älteste Fund einer Handbüchse, die auch als Lotbüchse, Knallbüchse, Faust- oder Handrohr bezeichnet wurde und damals aus Bronze gegossen wurde. Sie war 33 cm lang und hatte ein Kaliber von etwa 17 mm. Sie wurden entweder auf einem schmalen Holzbalken mit Eisenbändern fest montiert oder in die Tülle am hinteren Ende des Rohres wurde der hölzerne Schaft eingesteckt.

Die Zündung erfolgte, indem ein glühendes Eisen oder ein brennender Kienspan an das Pulver in der so genannten Zünd- bzw. Pulverpfanne auf der Oberseite des Rohrs gehalten wurde. Der militärische Nutzen dieser ersten Handrohre war relativ gering, weil die Feuergeschwindigkeit deutlich langsamer als beim Bogen und selbst bei der Armbrust war, die psychologische Wirkung von Knall und Feuer war jedoch erheblich. Die damaligen Handfeuerwaffen waren allesamt Vorderlader, Pulver und Geschoss wurden von der Laufmündung her eingebracht. Als Munition wurden von Beginn an Bleikugeln verschossen. Die Zündung des Schusses geschah immer von außen, anfangs wie bei der Tannenbergbüchse, später mit einer Zündvorrichtung, dem Schloss, wodurch sich der Schütze auf das Zielen konzentrieren konnte.

Trotz einer maximalen Reichweite von circa 300 m blieben Handrohre nur auf kurze Distanzen effektiv. Bei einer Entfernung bis 20 m vermochte das Geschoss eines Handrohrs eine Ritterrüstung zu durchschlagen oder auch zwei hintereinander laufende ungepanzerte Gegner. Obwohl die Handrohre den Langbögen und Armbrüsten in Handhabung, Zielgenauigkeit und Schussfrequenz taktisch unterlegen blieben, eroberten sie dennoch langsam ihren Platz in den Waffenarsenalen der mittelalterlichen Kriegsherren. Strategische Gründe dafür waren die etwa 20 × niedrigeren Produktionskosten, die einfache Herstellung und die damit erleichterte Massenproduktion. Zudem waren große Schützenkontingente in kürzester Zeit rekrutierbar, die zudem einen geringeren Sold bezogen als die in langen Jahren ausgebildeten Langbogen-Spezialisten.

Arkebuse

Mit Hakenbüchse oder Arkebuse wird eine vielfältige Familie von Vorderladern des 15. und 16. Jahrhunderts bezeichnet. Die früheren und schwereren Hakenbüchsen waren noch klobige Weiterentwicklungen der Faustrohre, die allerdings mittels Kolben und Luntenschloss entscheidend verbessert wurden. Sie eigneten sich aufgrund ihrer Schwerfälligkeit zu Beginn ausschließlich als Verteidigungswaffen, wobei sie vorwiegend von der Burgmauer herab eingesetzt wurden. Sie wurden abgefeuert, indem die Lunte von Hand an das Zündloch geführt wurde.

Im Laufe des 16. Jahrhunderts wurden in Frankreich leichtere Modelle entwickelt, die in Deutschland als Arkebusen bezeichnet wurden. Mit dem eisernen Haken unter dem Lauf von frühen Hakenbüchsen konnten die Feuerwaffen auf einer Unterlage wie einer Mauer oder einem Ast fixiert werden, um den enormen Rückstoß abzufangen. Obwohl sowohl Hakenbüchsen als auch Arkebusen den Haken im Namen führen, ist er nur bei frühen Ausführungen der Hakenbüchse anzutreffen; Arkebusen haben ihn generell nicht mehr. Die schweren und unhandlichen Arkebusen hatten zwar eine wesentlich langsamere Schussfolge als Armbrust oder Bogen, konnten aber mit ihren schweren Geschossen Harnische bis auf 150 Meter durchschlagen.

Entwicklung der Schuss- und Fernwaffen des Mittelalters

Die Treffgenauigkeit sowohl der Hakenbüchsen als auch der Arkebusen war relativ gering, so dass ihr Einsatz nur auf kurze Distanz oder massiert als Batterie sinnvoll war.

Das Anlegen der Lunte mit der Hand und die unter den Arm geklemmte Büchse ließen kein genaues Zielen zu. Aus diesem Grunde wurde eine mechanische Zündvorrichtung für das Abfeuern notwendig. Um 1475 wurden Abzug und Lunteträger gesondert auf eine rechteckige Platte montiert. Durch die Übernahme des Abzugmechanismus der Armbrust entwickelte man das Luntenschloss. Hierbei drückte man die Lunte durch Ziehen des Abzughebels auf die Zündpfanne. Eine Feder brachte den Abzugsbügel nach dem Schuss dann wieder in Ausgangsstellung.

Im späten 16. Jahrhundert bildeten die Musketiere die schwere Infanterie, während die Arkebusiere die leichte Infanterie darstellten.

Schwarzpulver

Schwarzpulver war der erste Explosivstoff, der als Schießpulver für Treibladungen von Schusswaffen verwendet wurde. Im Mittelalter nannte man das Schwarzpulver auch „Donnerkraut". Der heutige Name Schwarzpulver geht wohl nicht auf den Franziskanermönch Berthold Schwarz aus Freiburg zurück, der im 14. Jahrhundert einer Legende zufolge die treibende Wirkung der Pulvergase auf Geschosse fand, sondern auf dessen Aussehen und Farbe.

Bandelier

Der Arkebusenschütze trug ein über die Schulter und quer über die Brust gehängtes Bandelier, an dem die Pulverflasche mit etwa einen Pfund Schwarzpulver sowie Zündkrautflaschen mit einzelnen Pulverladungen hingen. Hinzu kam die mit den schweren und dicken Bleikugeln gefüllte Ledertasche.

Luntenschloss

Das Luntenschloss ist einer der ältesten Auslösemechanismen für Feuerwaffen. Es war während des 15. und 16. Jahrhunderts in Gebrauch.

Luntenschlösser waren bei Hakenbüchsen, Arkebusen und Musketen im Einsatz. Der eiserne Lauf des Luntenschlossgewehres besaß seitlich ein Zündloch, welches mit der Kammer verbunden war. Außen am Zündloch befand sich eine Pfanne für feines Pulver, dem Zündkraut. Oft hatte die Pfanne einen Schutzdeckel, der vor dem Schuss seitlich weggedreht oder hochgeklappt werden musste.

Bei den ersten Luntenschlossgewehren war die Lunte im Luntenhalter eingeklemmt und konnte durch einen mit dem Abzug verbundenen Hebelmechanismus mit dem glimmenden Ende auf das Pulver in der Pfanne gedrückt werden. Das brennende Pulver in der Pfanne entzündete über das Zündloch die Treibladung im Lauf.

1475 wurde das Luntenschnappschloss erfunden, bei dem der Abzug einen gespannten Federmechanismus auslöste, der die Lunte auf die Pfanne führte. Damit musste der Abzug nur noch über einen geringen Weg mit weniger Kraft betätigt werden. Das Luntenschloss erlaubte es, im Gegensatz zu dem vorher üblichen Anhalten einer Lunte an eine Zündpfanne, während des Abdrückens zu zielen. Das Gewehr konnte von einer Person bedient und dabei mit beiden Händen gefasst werden. Damit konnte die Zielgenauigkeit verbessert werden.

Lunte

Die Lunten zur Zündung bestanden aus einem Hanfwerggespinst, das durch Tränken in Asche-Kalk-Lösungen und nachfolgendem Trocknen leicht entzündlich war und dann ruhig und gleichmäßig abbrannte. Dem hohen Luntenverbrauch von etwa 24 cm je Stunde wurde begegnet, indem auf Kriegsmärschen nur jeder zehnte bis zwölfte Schütze eine brennende Lunte trug. Die Nachteile der Luntenzündung waren offensichtlich: Für Reiter war sie gänzlich ungeeignet und bei feuchter Witterung war eine sichere Zündung nicht gewährleistet.

Lauf

Das Rohr -auch Lauf genannt- bestimmte die Qualität der Waffe, denn es musste dem Verbrennungsdruck des Pulvers standhalten und die Kugel führen können.

Entwicklung der Schuss- und Fernwaffen des Mittelalters

In den Anfängen wurde das Rohr oft aus Kupferlegierungen wie Bronze oder Messing, gelegentlich aus Kupfer selbst gegossen. Mit Beginn des 15. Jahrhunderts schmiedete man auch Läufe aus schmalen Eisenplatten, die über einen Dorn gebogen wurden. Die aufeinander stoßenden Kanten wurden dann miteinander feuerverschweißt, die entstandene Höhlung, Seele genannt, musste nur noch nachgebohrt und mit einen Keil einseitig verschlossen werden.

In der zweiten Hälfte des 15. Jahrhunderts kam als Ersatz für den Keil die "Schwanzschraube" auf, die in das hintere Rohrende geschraubt wurde. Sie ergab erhöhte Festigkeit und die Möglichkeit einer zusätzlichen Befestigung des Laufes am Schaft. Dieser war bevorzugt aus zähen und relativ harten Holzarten wie Nussbaum, Ahorn, Linde und auch Buche. Die ersten Schäfte waren einfache Stäbe, die in die angegossene Hülse des Rohres gesteckt und beim Schießen auf die Schulter gelegt wurden. Im 15. Jahrhundert kam dann die eigentliche Schaftform auf, die das Rohr von unten halb umschloss. Aus der rückwärtigen Verlängerung bildete sich nach und nach der Kolben aus. An der Seite des Schaftes, später an seiner Unterseite war noch der hölzerne Ladestock untergebracht.

Muskete

In offener Feldschlacht wurden von den Schützen zunächst nur die leichten Handrohre und Arkebusen eingesetzt, zumal eine Reichweite von 150 m und das Kugelkaliber den damaligen Harnischen noch gefährlich werden konnte. Mit der Verstärkung der Rüstungen zogen auch die Feuerwaffen nach. Durch die verbesserte Fertigung von Waffen und Pulver konnten auch Kugelkaliber, Schussweiten und damit die Wirkung gesteigert werden. Das höhere Gewicht der Waffen musste allerdings durch die Auflage auf eine Stützgabel ausgeglichen werden, wodurch der Schuss insgesamt aber auch sicherer wurde.

Von den Spaniern erhielt diese neue Büchse den Namen Muskete. Mit ihrer Verbreitung ab der Mitte des 16. Jahrhunderts verschwanden nach und nach die Handrohre im Heer.

Zuletzt schossen nur die jüngsten Söldner mit den billigeren Handrohren, denn die Anschaffung der persönlichen Waffe lag beim Soldaten selbst und eine Muskete mit Luntenschnappschloss kostete immerhin vier Gulden, für ein Handrohr waren rund zwei Gulden zu zahlen, wobei der Monatssold des einfachen Schützen bei drei Gulden lag. Die Muskete wurde im 18. Jahrhundert zur Hauptwaffe der Fußtruppen, den so genannten „Musketiere".

Von der Arkebuse unterscheidet sich die Muskete hauptsächlich durch die größere Länge, die dem Geschoss eine höhere Mündungsgeschwindigkeit und dadurch gesteigerte Reichweite und Durchschlagskraft verlieh. Höherwertige Musketen wurden im 17. Jahrhundert auch mit einem Radschloss versehen.

Radschloss

Ein Radschloss oder „deutsches Schloss" ist ein Zündschloss für Pistolen und Gewehre. Sein stählernes Zahnrad, das von unten durch die Zündpfanne greift, wird mit einem Schlüssel um drei Viertel an der Achse gedreht. Hierbei windet sich eine Kette um seine Achse, deren anderes Ende, mit der Schlagfeder verbunden, diese spannt. Ein vor der Zündpfanne stehender Hahn trägt in seinem "Maul" ein Stück Schwefelkies, welcher beim Umlegen des Hahns auf dem geschlossenen Pfannendeckel zu liegen kommt. Beim Betätigen des Abzuges wird durch den Exzenter der Nuss im Inneren des Schlosses der Pfannendeckel geöffnet, der Schwefelkies wird durch die Feder des Hahnes durch das Zündkraut auf das sich drehende Rad gedrückt, welches dann vom Schwefelkies Funken abreißt. Diese Funken entzünden das Zündkraut und der dadurch entstehende Zündstrahl dringt durch das Zündloch in den Lauf und entzündet so die Treibladung.

Radschlossbüchse

Die Radschlossbüchse soll um 1515 in Nürnberg erfunden worden sein. Die Besonderheit dieser Handbüchse ist die Zündung: Mit dem Zug am Hahn wurde ein kleines Stahlrad in Drehung versetzt, brachte Stückchen von Eisen- oder Schwefelkies durch Reibungswärme zum Glühen und entzündete schließlich die Ladung.

Entwicklung der Schuss- und Fernwaffen des Mittelalters

Die Radschlossbüchse vermochte nie, die mit der Lunte gezündete Hakenbüchse gänzlich zu verdrängen, da deren Mechanismus einfacher, solider und sicherer war. Zudem zerbröckelte der Schwefelkies im Kampf häufig und machte das Gewehr funktionsunfähig.

Steinschlossgewehr

Bei den später eingeführten Steinschlossgewehren ersetzte der härtere Feuerstein das aus Stahl gefertigte Rad, während an die Stelle des Schwefelkieses feine Stahlspäne traten, die nun das Material für die Funken lieferten. Die Waffentechnik verbesserte sich permanent. Das glatte Rohr wurde durch das gezogene Rohr verdrängt, das bessere Treffgenauigkeit ermöglichte. Der Vorderlader wurde durch den Hinterlader ersetzt, was zu einer höheren Schussfrequenz führte.

Spezialversionen

Mit der mehrläufigen Orgelbüchse mit 4 bis 10 Rohren und der Kugel- oder Feuerlanze, die mit einem Schuss gleich mehrere hintereinander angesetzte Ladungen freisetzte, wurden bereits im 15. Jahrhundert mit verschiedenen Spezialwaffen experimentiert.

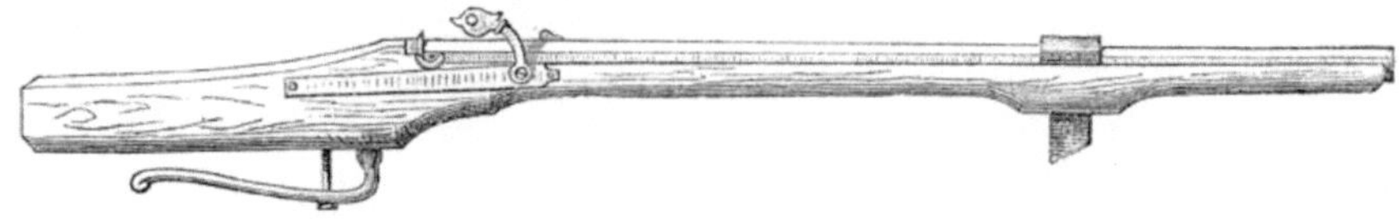

Entwicklung der Schuss- und Fernwaffen des Mittelalters

Artillerie

Der Begriff Artillerie ist der Sammelbegriff für großkalibrige Geschütze. Angehörige der Waffengattung werden als Artillerist bezeichnet. Man unterscheidet historisch Wurfmaschinen, die von der Antike bis zum 16. Jahrhundert verwendet wurden und die Rohrartillerie, die seit dem 15. Jahrhundert benutzt wird. Sie ist mit Geschützen ausgestattet

Geschütze

Feuerwaffen, die nicht mehr von einem Mann allein bewegt und bedient werden können, heißen Geschütze. Überliefert ist ihr Auftauchen im ersten Viertel des 14. Jahrhunderts. Die eigentliche Leistung der Europäer bestand darin, dass sie die Eisenpfeile der Eisentöpfe als erste durch schwere kugelige Projektile ersetzten und diese unter Verwendung des Treibmittels Schwarzpulver in einer Büchse abfeuerten. Diese ältesten Geschütze waren relativ kleinkalibrig und verschossen etwa apfelgroße Geschosse aus Blei, Stein oder auch Schmiedeeisen. Bis zum letzten Drittel des 14. Jahrhunderts hatten sich die europäischen Feuerwaffen, durch die Entwicklung der echten Kanone, zu den fortschrittlichsten und schlagkräftigsten der Welt entwickelt. Seit 1450 waren Geschütze absolut üblich, auch im Heer des noch auf die Ritterschaft setzenden Karls des Kühnen von Burgund. Besser als die schmiedeeisernen bewährten sich Rohre aus Bronzeguss, die in den Städten Nürnberg, Augsburg und Straßburg und in Flandern hergestellt wurden.

Ab Anfang des 15. Jahrhunderts erlangte auch der Eisenguss Bedeutung für kleinere Geschützrohre. Mitte des 15.Jhdt. ließen sich die Belagerungsgeschütze in 4 Arten einteilen: Hauptbüchsen, Notbüchsen, Viertelbüchsen und Mörser. Geschütze, die einen annähernd gradlinigen Schuss abgaben, nannte man allgemein „Büchsen“. Schwere und mittlere Steinbüchsen wurden unter dem Begriff Hauptbüchsen zusammengefasst. Es gab die Scharfmetze, ein 70-pfündiges Belagerungsgeschütz, sowie die Quarte, ein 40-Pfünder.

Entwicklung der Schuss- und Fernwaffen des Mittelalters

Es folgten die Feldgeschütze wie die 20-pfündige Notschlange, die 11-pfündige Feldschlange, die 8-pfündige Halbschlange und das 6-pfündige Falkonett. Hinzu kam die ortsfest auf stabilen Holzbalken aufgebockte Bombarde zur Zerstörung von Festungswerken, oft hinter einem hochklappbaren Schirm aus stabilen Holzbalken.

Für das Steilfeuer gegen Festungen oder bei Belagerungen wurden Feuertöpfe oder Mörser verwendet, wobei zum Teil sogar pulvergefüllte Hohlkugeln als Sprenggeschosse verschossen wurden. Je nach Ladeweise und Geschützaufbau hießen sie dann beispielsweise Kammer-, Orgel-, Stein-, Lot-, Klotz-, Hagel-, Lege-, Bock- und Karrenbüchsen. Eine Zwischenstellung nahmen die Wallbüchsen als überschwere Handfeuerwaffen ein.

Gefährlich, vor allem für die Bedienungsmannschaft waren die Klotzbüchsen, deren Rohre mit mehreren Pulver-Kugel-Ladungen hintereinander gefüllt wurden, wobei die Kugeln in Längsrichtung durchbohrt und mit einem Schwefelfaden durchzogen waren. Beim Abfeuern des ersten Schusses wurden so in kurzem Abstand die nächsten Schüsse gezündet. Mehrere Rohre auf der gleichen Lafette ergaben Orgelgeschütze, mit denen Salvenfeuer geschossen werden konnte.

Die „Faule Mette", auch „Faule Metze" genannt, war ein Großgeschütz der Braunschweiger Stadtverteidigung und galt zu ihrer mittelalterlichen Zeit als das größte Geschütz in Deutschland. Nach der Inschrift auf dem Riesengeschütz war dieses 1411 vom Braunschweiger Stückgießer Henning Bussenschutte aus Bronze gegossen worden. Es hatte eine Länge von 2,90 m, ein Kaliber von 76 cm und verschoss Kugeln mit einen Gewicht von 550 kg. Das Geschützgewicht von 8.228 kg wurde nachgewiesenermaßen innerhalb Mittel- und Westeuropas nur noch von den 16.400 kg der „Tollen Grete" aus Gent übertroffen.

Entwicklung der Schuss- und Fernwaffen des Mittelalters

Steinbüchsen

Steinbüchsen waren die ersten mit Schwarzpulver betriebenen Geschütze, die ab dem 14. Jahrhundert verwendet wurden. Der kleinste heute bekannte Kugeldurchmesser hat 12 cm und ein Riesengeschütz wie „Pumhart von Steyr“ ist mit 80 cm Durchmesser die größte uns bekannte Steinbüchse. Die Rohre wurden teils gegossen, teils, bei den Stabringgeschützen, ähnlich wie Fässer aus nebeneinander liegenden, miteinander verschweißten Eisenstäben, die durch Eisenreifen zusammengehaltenen wurden, hergestellt. Der oft enger gebohrte hintere Teil hieß Pulversack oder auch canone = „Rohr“, das weitere Vorderteil Pumhardt oder Bombarde. Später nannte man Geschütze mit solchen Rohren insgesamt Bombarde.

Stabringgeschütze

Kleinere Steinbüchsen wurden schon zu Beginn des 15. Jh. aus Bronze gegossen, die schweren Belagerungsgeschütze waren aber alle Stabringgeschütze aus Schmiedeeisen. Das damalige Gusseisen war der hohen Beanspruchung durch die großen Pulverladungen, die man brauchte, um Mauern zu brechen, nicht gewachsen. Daher wurden die Geschütze als Stabringgeschütze ausgeführt. Diese Geschütze bestanden aus rechteckigen oder trapezförmigen Eisenstäben, die im Kreis gelegt wurden und auf die glühende eiserne Ringe aufgezogen wurden, die beim Erkalten die Eisenstäbe in ihrer Position hielten. Charakteristisch für Steinbüchsen ist die Zweiteilung des Rohrs in Kammer und Flug. Diese Zweiteilung war meist als Schraubvorrichtung ausgeführt, um die tonnenschweren Geschütze zerlegt transportieren zu können. Die Kammer wurde mit dem Pulver gefüllt und hatte meist eine wesentlich größere Wandstärke als der Flug, der die Steinkugel aufnahm.

Kammerbüchsen

Neben den Vorderladerrohren gab es auch Geschütze, die von hinten geladen wurden, die so genannten Kammerbüchsen. Bei diesen konnte in das hinten offene Rohr eine passgenaue, vorher geladene Kammer eingesetzt werden. Mit mehreren vorbereiteten Kammern ließ sich so die Feuergeschwindigkeit erhöhen.

Entwicklung der Schuss- und Fernwaffen des Mittelalters

Kanone

Eine Kanone ist ein Geschütz mit einem großen Verhältnis von Rohrlänge zu Kaliber, die meist zum Flachfeuer verwendet wird. Kanonen verleihen aufgrund der hohen Mündungsgeschwindigkeit dem Geschoss eine relativ gerade Flugbahn, man spricht deshalb auch von Flachfeuergeschützen. Die Feldschlange war ein Kanonentyp des späten Mittelalters. Sie hatte ein relativ kleines Kaliber von 6-8 cm. Der Lauf war mit bis zu drei Metern sehr lang, wodurch die Zielgenauigkeit erhöht wurde. Die verschossenen Bleikugeln hatten ein Gewicht von ein bis zwei Kilo. Feldschlangen waren gewöhnlich auf einer zweirädrigen Lafette montiert, die von einem Pferd gezogen werden konnte.

Kartaunen

Die Kartaune ist ein Vorderlader-Geschütz aus der Zeit des 15. und 16. Jahrhunderts. Der Begriff Kartaune ist eine Eindeutschung des italienischen „quartana bombarda“, der Viertelbüchse, deren Eisenkugel ein Viertel einer hundertpfündigen Hauptbüchsenkugel wog. Kartaunen glichen in ihrer äußeren Form einer Scharfmetze, hatten jedoch kleinere Kaliber und ein geringeres Gewicht. Sie wurden nach der Rohrlänge in lange Kartaunen, sogenannte „Singerinen“ und kurze Kartaunen, sogenannte „Nachtigallen“ unterteilt.

Das durchschnittliche Kugelgewicht der aus den Viertelbüchsen entstandenen Singerinnen betrug 12-20 kg, das der aus den kurzen Notbüchsen entstandenen Nachtigallen betrug bis zu 25 kg. Eine Kartaune in Wandlafette wog ca. 1,5-2 Tonnen und es brauchte zwölf Pferde sie zu ziehen.

Bombarde

Die Bombarde war ein schweres, großkalibriges aber kurzes Pulvergeschütz des Spätmittelalters, das sich vor allem zum Mauerbrechen eignete. Sie wurde nicht nur im Festungskrieg, sondern auch in offener Feldschlacht eingesetzt. Der Unterbau der frühen mittelalterlichen Geschütze wurde halb in die Erde eingegraben oder auf andere Weise fest verankert.

Entwicklung der Schuss- und Fernwaffen des Mittelalters

Mörser

Die Mörser oder Böller warfen, das heißt schossen ihre Kugeln in Winkeln über 45° steil nach oben und waren in erster Linie dazu gedacht, um über Hindernisse wie Mauern hinweg zu feuern. Ihre Rohre hingen in kräftigen Holzgestellen, den Stühlen oder Schleifen, und mussten zum Schießen immer vom Transportwagen auf den Boden gehoben werden, weil die Wucht des Rückstoßes sonst die Räder zertrümmert hätte.

Geschosse

Die ersten Geschosse, die der Eisentöpfe, waren eigenartige, gewaltige Eisen- und Brandpfeile, die aber bald von der Steinkugel verdrängt wurden. Bald experimentierte man auch mit gusseisernen Kugeln, die aber in der Herstellung wesentlich teurer waren und auch mehr Pulver benötigten. Dem wiederum waren die Steinbüchsen nicht gewachsen. Steinkugeln wurden von den Büchsenmeistern in der erforderlichen Größe bei Steinmetzen bestellt und mit Hilfe von Holzschablonen gefertigt. Sie wurden bevorzugt aus Granit, Trachit, Basalt oder Sandstein hergestellt.

Steinkugeln waren vor allem deshalb beliebt, weil sie leicht zu bekommen und einfach zu bearbeiten waren. Als Nachteil erwies sich, dass Steinkugeln beim Aufprall leicht zerplatzten und ihre Wirkung dadurch verfehlten. Deshalb verstärkte man sie eine Zeitlang mit gekreuzten eisernen Bändern, die aber keine entscheidende Abhilfe brachten. Die ersten Bleikugeln sollen im Jahr 1365 vom Herzog von Braunschweig benutzt worden sein. Diese neue Geschoßart wurde einige Zeit später zusammen mit einer großen Anzahl eiserner Kanonen von deutschen Fabrikanten nach Norditalien geliefert, wo sie erfolgreich bei der Belagerung von Claudia-Fossa eingesetzt wurden. Dies zeigt, wie schnell sich Blei als Kugelmaterial verbreitet hatte. Da das spezifische Gewicht von Blei höher ist, hatte die Bleikugel eine größere Reichweite als die Steinkugel. Kugeln aus reinem Blei wurden aber nur bei kleinen Kalibern verwendet.

Da Blei zudem teuer war, wurde bei größeren Kugeln ein Eisenkern mit einem Bleimantel überzogen, was dank des harten Eisens die Wirkung beim Einschlag sogar noch erhöhte. Gegen 1400 trat an die Stelle der teuren Bleikugel die eiserne Vollkugel. Im 15. Jahrhundert wurden die Steinkugeln von den Eisenkugeln weitgehend verdrängt. Sie wurden vor allem von den großkalibrigen mauerbrechenden Steinbüchsen verschossen, aber auch kleinkalibrige Waffen wurden mit ihnen bestückt. Die gusseisernen Kugeln richteten bei gleichem Kaliber mehr Schaden als die aus Stein an, überstanden auch ein mehrmaliges Aufprallen auf den Boden und verdrängten schließlich zu Ende des 15. Jahrhunderts die Steinkugeln.

Die Steinbombe des 14. und 15. Jahrhunderts war ein typisches Geschoß der großen Steinbüchse. Die Bomben bestanden aus zwei Hohlkugelhälften aus Stein oder Holz, die mit Pulver gefüllt und danach mit Eisenbändern verschlossen wurden. Ihre Zündung erfolgte durch eine in die Bombe reichende Lunte, die vor dem Abfeuern angesteckt werden musste. Bei Bomben aus Holz wurde ein mit Pulver gefüllter Federkiel verwendet, der sich beim Abfeuern des Geschützes durch die Treibladung "selbst" entzündete.

Lafette

Die Lafette war ein fahrbares Gestell, auf dem ein Geschütz montiert werden konnte. Anfangs waren die Lafetten insgesamt sehr schlicht ausgeführt, die Legestücke wurden mit Seilen und Ketten auf einer einfachen Holzunterlage befestigt. Der Rückstoß wurde von dahinter verkeilten Holzkästen aufgenommen, die mit Erde und Steinen beschwert waren. Kleinere Rohre wurden auch mit Stahlbändern auf ausgehöhlten Holzstämmen mit einfachen Rädergestellen befestigt. Durch die fortschreitende Entwicklung der Technik hielten Räderlafetten mit zugehörigen Protzen Einzug, machten die Geschütze beweglicher und in der Feldschlacht wirksamer einsetzbar. Das Richten des Rohres wurde durch die Einführung der Wiegenlafette mit Richthörnern und später durch Schildzapfen, die gleich an das Rohr angegossen wurden, vereinfacht. Ein lafettiertes Geschütz konnte wegen der besseren Beweglichkeit genauer gerichtet werden. Zum Transport eines schweren Belagerungsgeschützes brauchte man bis zu zehn Pferde.

Entwicklung der Schuss- und Fernwaffen des Mittelalters

Büchsenmeister

Für die Herstellung und Bedienung der Geschütze gab es besondere Spezialisten, die handwerksmäßigen Büchsenmeister mit ihren Gesellen und Lehrlingen. Sie zählten nicht zu den Landsknechten, sondern waren gleichzeitig Geschützgießer und -führer mit besonderen Privilegien, aber auch mit der Gefahr, bei Fertigungsfehlern vom eigenen Geschütz zerrissen zu werden. Die Meister hatten feste Verträge auf Dauer mit ihren Dienstherren, manche ließen sich nur von Fall zu Fall anwerben. Sie leiteten den Bau der Geschütze und beauftragten auch andere Handwerker mit bestimmten Gewerken. Als gesuchte Spezialisten behielten sie ihr Wissen streng in ihrer Zunft und hielten ihre Kenntnisse auch zunächst nur in handschriftlicher Form fest.

Geschütz - Bedienung

Steinbüchsen waren schwierig zu bedienen und für die Büchsmeister auch gefährlich; es kam nicht selten vor, dass ein Geschütz barst und die umher fliegenden Eisenteile die Geschützmannschaften tötete. Der Ladevorgang war ebenfalls sehr aufwendig. Zum Laden stellte man das Rohr möglichst senkrecht, füllte das damals staubförmige Schießpulver ein und verdämmte die Ladung mit einem genau passenden Holzstück. Zum Einbringen der Pulverladung dienten Ladeschaufeln, die eine volle Ladung fassten, wodurch notfalls auf ein Nachwiegen verzichtet werden konnte. Die unterkalibrige Kugel konnte im Rohr bis zur Verdämmung.

Zum Ansetzen von Ladung, Verdämmung und Geschoss gab es den Stampfer oder Stoßer. Die Kugel musste verpisst und verschoppt werden, die Treibladung wurde also abgedichtet und die Kugel im Flug verdämmt. Die Kugel wurde mit Keilen und Lehm im Flug festgesetzt, damit möglichst wenige Gase an der relativ ungleichmäßigen Steinkugel vorbeiströmten. Mehr als einen Schuss pro Tag abzugeben war anfangs so ungewöhnlich, dass ein Büchsmeister, der drei Schüsse auf drei verschiedene Ziele an nur einem Tag abgab und zu allem Überfluss auch noch traf, genötigt wurde, eine Pilgerfahrt nach Rom zu unternehmen, da er ja nur mit dem Teufel im Bunde stehen könne.

Entwicklung der Schuss- und Fernwaffen des Mittelalters

Als Zielhilfen dienten Quadranten, Visieraufsätze, Winkelhakenlineal, Proportionalzirkel, Tasterzirkel, Kaliberstab und Kugellehren. Der Quadrant war notwendig, um die tatsächliche Mittellinie des Geschützes zu finden und den Erhöhungswinkel des Rohrs zu bestimmen. Zum Richten des Rohrs behalf man sich in den ersten Jahren mit Hebebäumen und Gaisfuß, die Höhenrichtung geschah durch Eintreiben von Keilen.

Zum Abfeuern nahm man anfangs das so genannte Loseisen, also eine Eisenstange mit glühendem Drahtdorn, ab etwa 1400 eine glimmende Lunte an einer Zündrute und zündete damit das Pulver im Zündloch, welches nach dem Schuss mit einer Räumnadel von den Pulverrückständen befreit werden müsste. Der Feger oder Wischer mit Rundbürste und Schaffell an den Enden diente dazu, die nach einem Schuss im Rohrinneren nachglimmenden Pulverrückstände zu entfernen.

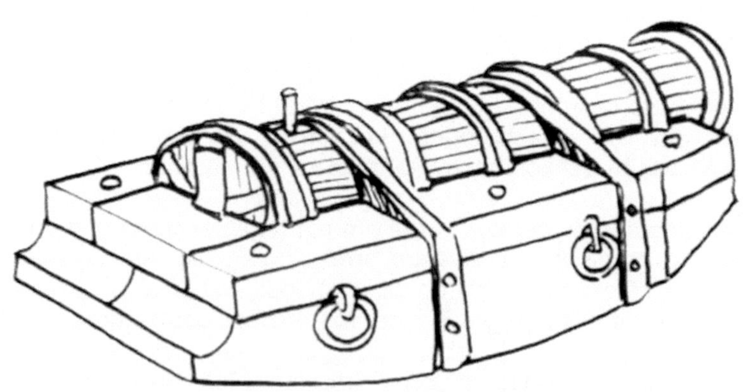

Taktiken der offenen Feldschlachten

Grundsätzlich wurden noch bis ins frühe Mittelalter die römischen Taktiken in der Feldschlacht fortgeführt. Steigende Bedeutung erlangte dabei mit der Zeit der Einsatz gepanzerter Ritter. Die Ritter wurden zu im direkten Kampf mit der Infanterie deutlich überlegenen Berufskriegern mit wachsender gesellschaftlicher Bedeutung. Die Kriege, Schlachten und Feldzüge des Mittelalters waren in Taktik und Strategie geprägt durch die Waffen, die den Feldherren und ihren Armeen für die bewaffnete Auseinandersetzung zur Verfügung standen. Die Taktik und die damit einhergehende Bewaffnung der Ritter und ihrer Fußknechte blieb viele Jahrhunderte lang bis zur Entwicklung der Feuerwaffen geprägt von ritterlichen Vorstellungen. Bis zur Entwicklung der Feuerwaffen war blanker Stahl und die Mechanik von Holz und Seilzug das Maß für den Erfolg in der Schlacht. An die Stelle der disziplinierten römischen Legionen war im Mittelalter das Rittertum getreten, dessen Leistung ganz auf der persönlichen Fähigkeit des Einzelnen beruhte.

Es entsteht der schwer gepanzerte Ritter auf gepanzertem Pferde. Insbesondere die Spießknechte konnten es im freien Felde nicht mit den Rittern aufnehmen; sie würden von ihnen auseinandergesprengt werden. Auch die Schützen waren allein einem Ritterangriff im freien Felde nicht gewachsen. Vor dem Aufkommen der Landsknechtshaufen war der Auftakt einer offenen Feldschlachten eher eine rituelle Inszenierungen den Ausdruck taktischer Überlegung. Eine Veränderung im hohen und späten Mittelalter ist erst mit der Einführung von spezialisierten Fernkampfeinheiten, die mit Bogen oder Armbrust bewaffnet waren, zu sehen. Die Zunahme dieser Bedrohung aus der Luft konnte eine Schlacht maßgeblich beeinflussen. Hierdurch gewannen die Heeresaufstellung und ihr Einsatz immer mehr an Bedeutung.

Beeinflusst von dieser Entwicklung gewannen taktische Heeresaufstellung und planvoller Feldeinsatz zunehmend an Bedeutung. Besonderen Einfluss auf die Entwicklung der europäische Taktik hatten die Erfahrungen aus den Kreuzzügen, hier besonders auf die Weiterentwicklung der Kavallerie. Von den Kreuzzügen scheint auch die Armbrust profitiert zu haben, die eine höhere Durchschlagskraft als der Bogen hatte und deren Gebrauch vor allem viel einfacher zu erlernen war.

Taktiken der offenen Feldschlachten

Tatsache ist aber, dass die militärische Taktik sich im mittelalterlichen Europa über viele Jahrhunderte kaum wesentlich veränderte. Die taktische Hauptvariante der mittelalterlichen Kriegsführung war sicherlich eher die Belagerung von Stadt und Burg denn die offene Feldschlacht. Dennoch kam es im gesamten Mittelalter immer wieder zu äußerst blutigen und verlustreichen Feldschlachten. Neben den großen politisch motivierten Schlachten, die auf dem europäischen Kontinents tobten, sind auch im Rahmen der verschiedenen Kreuzzüge immer wieder mehr oder weniger entscheidende Feldschlachten geführt worden. Die Heere der Vasallen der mittelalterlichen Schlachten waren bis zum Beginn des Söldnertums nie sehr groß. Das bis dahin zahlenmäßig stärkste Heer soll 1347 Eduard III. von England bei der Belagerung von Calais mit über 32.000 Mann aufgeboten haben.

Bogenschützen stellten die erste Entwicklung im Einsatz von Distanz- oder Fernwaffen in der Taktik der Feldschlacht dar. Sie hatten den Vorteil, den Feind über große Entfernung hinweg verwunden zu können, ohne in Nahkämpfe verwickelt zu werden. Der Ehrenkodex der Ritter im Mittelalter verlangte einen Kampf Mann gegen Mann. Diesen aus der Entfernung mit einem Pfeil zu töten galt für die Ritter als unehrenhaft. Es wurde jedoch immer deutlicher, dass Bogenschützen sowohl bei Belagerungen als auch in der Schlacht effektiv und nützlich waren. Die Bogenschützen kämpften in massierten Formationen von mehreren hundert oder tausend Männern. Aus einer Entfernung von über 100 Metern abgefeuert, konnten die Pfeile des Langbogens die Rüstung eines Ritters durchdringen. Den Vorteil der Reichweite des Langbogens nutzend, entwickelten die Engländer den Pfeilhagel. Anstatt auf individuelle Ziele zu schießen, schossen die Langbogenschützen in das vom Feind besetzte Gebiet.

Die Langbogenschützen konnten bis zu 6 Schüsse pro Minute abgeben. 3.000 Langbogenschützen konnten also 18.000 Pfeile in eine massierte Aufstellung des Feindes schießen. Die Auswirkung des Pfeilhagels auf Männer und Pferde war verheerend. Zu den eindruckvollsten Ereignissen der Militärgeschichte des Mittelalters gehörten sicher die Siege, die den Engländern mit Hilfe ihrer Langbogenschützen gegen weit überlegene französische Ritterheere gelangen.

Taktiken der offenen Feldschlachten

Am Anfang des Hundertjährigen Krieges hatte der englische König Edward III. bei seinem Einfall in Nordfrankreich 1339 sein Heer noch mit zahlreichen Rittersöldnern aus dem Reich verstärkt. Da die Franzosen aber eine Entscheidungsschlacht vermieden und den Engländern die Einnahme von Städten nicht gelang, waren ausgedehnte Verwüstungen das einzige Resultat dieser Kriegszüge.

Bei der Anwerbung der teuren Rittersöldner hatte sich Edward jedoch finanziell derart übernommen, dass er vorerst auf sie verzichten musste. Als er nun zur Entlastungen seiner südfranzösischen Besitzungen 1346 in die Normandie einfiel, hatte er neben Rittern aus England und der Gascogne hauptsächlich Bogenschützen geworben, die aus seiner Sicht vor allem den Vorteil hatten, billiger zu sein. Durch ausgiebige Plünderungen, die wahrscheinlich zum Teil den Sold ersetzen mussten, gelang es den Engländern schließlich die Truppen des französischen Königs auf sich zu ziehen. Doch dieser hatte ein so imposantes Heer zusammengebracht, dass es die Engländer vorzogen sich mit ihrer Beute nach Flandern in Sicherheit zu bringen.

Als die Verfolger immer näher kamen, wählte Edward eine gute Verteidigungsstellung auf einem Hügel bei Crecy und erwartete den Angriff. Die französischen Ritter waren sich des Sieges so sicher, dass sie nicht versuchten, ihre genuesischen Armbrustschützen vernünftig zum Einsatz zu bringen, oder gar die eigenen Truppen richtig zu positionieren: Sie griffen direkt aus dem Aufmarsch an, 15 bis 16 mal sollen sie es versucht haben und wurden dabei regelmäßig von den Bogenschützen zusammengeschossen. Am Ende bedeckten weit über 1.000 tote Ritter und hohe Adlige das Schlachtfeld, während die Engländer nur verschwindend geringe Verluste gehabt hatten.

Als das französische Ritterheer 1356 dann noch einmal bei Poitiers und schließlich 1415 bei Azincourt ähnlich vernichtende Niederlagen hinnehmen musste, war für England der Hundertjährige Krieg zwar dennoch nicht zu gewinnen, die Welt aber um eine Legende reicher.

Es steht fest, dass der Langbogen zu seiner Zeit eine sehr effektive Waffe war. Zudem war er eine typische Söldnerwaffe.

Taktiken der offenen Feldschlachten

Die englischen Bogenschützen wurden als Söldner angeworben, und nach ihren spektakulären Erfolgen in den Schlachten des Hundertjährigen Krieges versuchten auch andere Feldherren ihre Dienste zu kaufen. Das grundlegende Problem bei Langbogenschützen war, dass sie sehr viel Training und Erfahrung haben mussten. Bei den Bogenschützen fehlte lange ein entsprechend ergiebiges Rekrutierungsreservoir. Das änderte sich erst, als die Engländer bei der Eroberung von Wales mit der dort verbreiteten Version des Langbogens Bekanntschaft machten.

Die Waliser galten als wilde Barbaren und hatten sich erfolgreich gegen Angelsachen und Normannen zur Wehr gesetzt. Mit dem Resultat, dass die Bevölkerung vom Feudalismus noch relativ unberührt den Umgang mit ihren traditionellen Waffen noch nicht verlernt hatte. Sie benutzten den Bogen oft bei der Jagd aber auch bei den zahlreichen lokalen Fehden, wo er durch die Armut des Landes eine der wichtigsten Waffen war. Mit der Zeit hatten die Waliser gelernt, den Bogen so aus Eibenstämmen herauszuarbeiten, dass durch die Kombination von hartem Kernholz und elastischem Splintholz eine ähnliche Wirkung wie bei dem aus verschiedenen Materialien verleimten Reflexbogen erzielt wurde.

Als sich nun der englische König Edward I. entschloss seinem Reich eine neue große Provinz einzuverleiben, sah er sich plötzlich in einen heimtückischen Kleinkrieg verstrickt. Das Gelände war oft schwer zugänglich und stark bewaldet und deshalb schlecht für den Einsatz schwerer Kavallerie geeignet. Vor allem dachten die Waliser auch gar nicht daran sich den viel besser ausgerüsteten Engländern zu einer großen Schlacht zu stellen. Sie beschränkten sich auf Überfälle und zogen sich vor überlegenen Kräften schnell in Berge und Wald zurück. Und bei dieser Art des Kampfes brachten sie ihre Langbogen höchst wirkungsvoll zum Einsatz.

Nach den ersten Rückschlägen begann Edward I. selbst damit Waliser anzuwerben. Im Laufe der Jahre lernten die Engländer jedoch während der zahlreichen Gefechte und Belagerungen gerade die Kombination aus Rittern und Bogenschützen einzusetzen. Diese Taktik erwies sich als so vorteilhaft, dass man auch bald in England damit begann, Langbogen zu bauen und sich in ihrem Umgang zu üben.

Taktiken der offenen Feldschlachten

Nach der vollständigen Unterwerfung von Wales, wurde das Land selbst zur ergiebigsten Quelle für anspruchslose, erfahrene Bogenschützen.

Edward machte auch bald Gebrauch davon, als er 1292 damit begann, Schottland zu unterwerfen. Die Schotten hatten während ihres Aufstandes gelernt sich in geschlossenen Spießerhaufen erfolgreich gegen Ritter zur Wehr zu setzen und 1297 gelang ihnen unter William Wallace sogar ein großer Sieg, als sie das englische Heer beim Übergang des Stirling überraschen konnten. Ein Jahr später wurden die schottischen Spießerhaufen jedoch bei Falkirk so lange von Edwards Walisern zusammengeschossen, bis sie dem Angriff der Ritter nichts mehr entgegenzusetzen hatten.

Man sollte bei den Erfolgen des Langbogens in den walisischen und schottischen Kriegen Edwards jedoch beachten, dass Schotten und Waliser nur über wenige voll gepanzerte Kämpfer verfügten, einige hatten sicher Panzerhemden, aber die große Masse schützte sich lediglich mit ihren Schilden. Viel wichtiger war aber die Erfahrung, die die Engländer in diesen langen und schwierigen Kriegen im Einsatz kombinierter Waffengattungen gewonnen hatten. Trotzdem stützte sich Edward III. am Anfang des Hundertjährigen Krieges zuerst hauptsächlich auf Ritter und griff erst auf die Bogenschützen zurück, als er die teuren Ritter nicht mehr bezahlen konnte. Nach den großen Siegen bei Crecy und Poitiers änderte sich das und Bogenschützen waren nun für Generationen überall auf dem Markt gefragt. Man nimmt heute an, dass seine Pfeile Anfang des 14. Jahrhunderts Panzerhemden durchschlagen konnten.

In der Schlacht bei Poitiers 1356 griffen die Franzosen hauptsächlich zu Fuß an, schickten aber zwei jeweils 200-250 Mann starke Gruppen Berittener voraus. Die Engländer hatten sich gut hinter einer für Pferde undurchdringlichen Hecke verschanzt und verfügten über ca. 2.000 Bogenschützen. Dennoch gelang es einigen Rittern bis an diese Hecke heranzukommen, wo sie von den englischen Men-at-arms niedergemacht wurden. Eine andere Gruppe kam am linken englischen Flügel vorbei. Die Bogenschützen konnten diese Reiter erst wirksam bekämpfen, als ihnen die Pferde die relativ ungeschützten Flanken als Ziel boten.

Taktiken der offenen Feldschlachten

Die Schlacht musste schließlich in einem harten Kampf an der Hecke und einem englischen Gegenstoß zu Pferde entschieden werden.

Die entscheidende Bedeutung der Bogenschützen war eine taktische. In einem gut geführten Verband zwangen sie den Gegner auf sein wichtigstes Kampfmittel zu verzichten: die Stoßkraft der schweren Kavallerie. Aber auch abgesessen verloren die nun immer schwerer gepanzerten Ritter viel von ihrer Beweglichkeit. Wenn es zum Nahkampf kam, wurde auch dort von den Bogenschützen viel erwartet. Mit Schwertern, Messern und Kampfhämmern rückten sie ihren Gegnern zu Leibe. Das Schießen war nur ein Teil ihrer Aufgabe, dann mussten sie als leichte Infanterie ihren Mann stehen. Erst unter guter Führung gewannen sie das Selbstvertrauen, das Infanteristen in dieser Zeit immer benötigten, wenn sie es wagen wollten, sich den Rittern zu Ross entgegenzustellen.

Zu einem guten Teil verdanken die Bogenschützen ihre Erfolge auch der Arroganz des französischen Adels, der sich am liebsten ohne Taktik und Disziplin auf den Gegner stürzte. Auch wenn es der Adel nur sehr schwer einsehen wollte, hatte die Kriegsführung inzwischen eine Komplexität erreicht, die ein eingeübtes Zusammenwirken verschiedener Waffengattungen erforderte. Nachdem die Franzosen ihre Lektion endlich gelernt hatten, gelang es ihnen 1450 bei Formigny die englischen Bogenschützen mit nur 2 Feldgeschützen aus ihrer sicheren Position zu locken und dann nieder zu reiten. Die Franzosen sollen dabei nur 200-300 Mann verloren haben, obwohl ihnen fast 3.000 Bogenschützen gegenüber standen. Als Frankreich und England 1360 dann vorübergehend Frieden geschlossen hatten, zogen große Gruppen arbeitsloser Söldner nach Italien und nahmen dabei auch viele der bewährten Bogenschützen mit. In Italien trafen sie aber nicht mehr auf die ignorante Feudalreiterei Frankreichs, sondern auf andere professionelle Söldnerkompanien.

Auch Karl der Kühne warb für seine Kriege tausende englischer Bogenschützen. Dennoch wurden seine Heere 1476 bei Grandson und Murten und 1477 bei Nancy vom Schweizer Fußvolk einfach überrannt. In der letzten Schlacht der Rosenkriege bei Stoke 1487 wäre 2.000 Schweizern und Landsknechten fast das Gleiche gegen eine erdrückende Übermacht gelungen.

Dennoch sonnte man sich in England noch lange im Glanz der großen Siege. Als aber Heinrich VIII. an die alten Erfolge anknüpfen wollte und 1544 in Frankreich einfiel, musste er feststellen, dass mit seinen weltberühmten Bogenschützen allein nicht mehr viel auszurichten war. Landsknechte, Spanier und Söldner aus aller Herren Ländern mussten angeworben werden.

Verglichen mit den großen Armeen moderner Zeit war die Organisation der Feudalheere noch sehr einfach. Es gab keine stehenden Regimenter. Wurde eine Armee zusammengerufen, begab sich jeder Vasall mit seinem Gefolge von Rittern, Bogenschützen und Fußsoldaten zum vereinbarten Ort. Dort sammelten sich die Truppen entsprechend ihrer Funktion im Gefecht. Die Ritter und ihre Knappen marschierten gemeinsam, genau wie es die Bogenschützen und Fußsoldaten taten.

Die Größe eines Heeres wurde oft nach der Anzahl der vorhandenen so genannten „Lanzen" berechnet. Eine Lanze bestand aus einem Ritter und zusätzlichen berittenen Truppen, Fußtruppen und Bogenschützen und bildete die kleinste Einheit innerhalb eines Heeres. Ein Heer mit 100 Lanzen umfasste somit bereits mehrere hundert Kämpfer.

Die Befehlsstruktur innerhalb des Feudalheeres war flach. Ein großer Stab, der den Heerführer unterstützte, war so nicht notwendig. Mit der Aufstellung von Söldnerheeren änderte sich nicht nur die Durchführung der Anwerbung, auch die Organisation der Heere wurde komplexer und aufwendiger.

War das Heer einmal aufgestellt, musste nur noch entschieden werden, wann die vorab aufgestellten Truppen in die Schlacht geschickt werden sollten. Am Tag der Schlacht hatte das Fußvolk mit dem Angriff zu beginnen, während die Ritter folgten. Geriet das Heer durch einen gegnerischen Angriff in eine gefährliche Situation und musste sich verteidigen, versuchte man die Gegner durch in den Boden gesteckte Speere und angespitzte Pfosten aufzuhalten. Die Ritter wurden in ihren Kämpfen stets von ihren Knappen und Waffenknechten begleitet, die nur ins Kampfgeschehen eingriffen, wenn ihr Herr stürzte oder in Lebensgefahr war.

Taktiken der offenen Feldschlachten

Hatte die Schlacht einmal begonnen, bestand für Rückzüge, Neuformierungen oder Umgestaltungen kaum noch eine Möglichkeit. Ein Angriff mit schwerer Kavallerie hatte entweder zur Folge, dass die Truppen versprengt wurden, oder es ging ein so großer Teil an Ausrüstung und Pferden verloren, dass die Streitkraft im Wesentlichen verbraucht war. Pfähle, Pferdewagen und Schützengräben wurden eingesetzt, um die Heere gegen Angriffe der Kavallerie zu schützen. Die ehemals berittenen Ritter waren so gezwungen, zu Fuß zu kämpfen. Bogenschützen wurden, unterstützt von Infanterieblöcken, in der Regel an der Spitze der Heerblöcke eingesetzt. Das aufkommende Söldnerwesen ermöglichte dann aber schon bald die Aushebung immer größerer Heere, deren Schwerpunkt sich dadurch mehr und mehr auf die Infanterie verlagerte. Mit dem Ende des Mittelalters verlor die Kavallerie dann ihre alles entscheidende Bedeutung, auch wenn sie immer noch einzelne Gefechte entscheiden konnte, lag der Schwerpunkt jetzt auf der Infanterie.

Die Renaissance brachte große Veränderungen in der Kriegführung. Frankreich und Burgund hatten die Lehren aus dem hundertjährigen Krieg umgesetzt und mit den Ordonnanzkompanien stehende Heere geschaffen, in denen Schützen, Fußknechte, Panzerreiter und Artillerie in organisierten Einheiten zur Verfügung standen. Diese hochmodernen Heere wurden aber in den Schatten gestellt durch die sich von Bauernrebellen zu professionellen Söldnern entwickelnden Schweizer Heerhaufen. Anfangs vor allem mit Hellebarden und ähnlichen Stangenwaffen ausgerüstet trat bei den Schweizern zunehmend der Langspieß oder Pike in den Vordergrund. Sie fassten ihre Pikeniere in große Gevierthaufen zusammen. In der Schlacht traten sie meist in drei mehrere tausend Mann umfassenden Haufen an.

Taktische Innovationen brachten aber nicht so sehr die Landsknechtheere Kaiser Karls V., sondern vielmehr seine spanischen Generäle. Die Spanier erkannten in den italienischen Kriegen den Wert der neu aufkommenden Handfeuerwaffen, die sie zur Unterstützung der Pikeniere einsetzten. Sie stellten ihre Truppen im Tercio auf, dabei wurde ein großer Block Pikeniere an den vier Ecken von kleineren Gruppen Schützen flankiert.

Die Hauptlast der Schlacht trugen zunächst die Pikeniere, während die Schützen nur unterstützend Feuer gaben. Im Laufe des Dreißigjährigen Krieges drehte sich, auch begünstigt durch die zunehmend leichter werdenden Musketen, das Verhältnis von Schützen und Pikenieren, bis die Pikeniere nur noch zur Abwehr von Reiterangriffen den Schützen Rückhalt geben sollten.

Wurden zu Beginn der Renaissance noch Ritteraufgebote eingesetzt, setzte sich seit dem Schmalkaldischen Krieg der leichtere Söldnerreiter durch. Dieser war mit mehreren Radschlosspistolen ausgerüstet, die er auf kurze Distanz auf den Feind abfeuerte, bevor er sich zum Nachladen zurückzog. Diese „deutschen Reiter“ griffen in komplizierten Formationen an, um den Gegner möglichst gleichmäßig unter Beschuss zu nehmen.

Später wurden Armbrustschützen und Pikeniere gemeinsam in kombinierten Formationen aufgestellt. Die Piken hielten die feindlichen Nahkampftruppen fern, während die Armbrustschützen in die feindlichen Reihen feuerten. Die Armbrust wurde eine typische Waffe und man konnte in ganz Europa immer ausreichend Schützen anwerben. Die taktische Zusammenarbeit von Infanterie, Artillerie und Kavallerie und die Bedeutung einer festen Stellung sollten sich als überlegen erweisen.

Zum Schutz der Flanken und zur Erhöhung der Feuerkraft postierten sich die Arkebusiere an den Ecken des Gevierthaufens. Die so entstandenen Formationen verteilten sich schachbrettartig auf dem Schlachtfeld, um sich gegenseitig Feuerschutz geben zu können. Bis in den Dreißigjährigen Krieg hinein kämpften die Fußsoldaten der meisten europäischen Armeen in diesem so genannten „Spanischen Viereck“. Zu Beginn des Gefechts traten die Arkebusiere vor und schossen Lücken in die gegnerischen Formationen. In den Ladepausen traten die Arkebusiere in das Geviert. Mit dem Auftreten der großen Söldnerhaufen tritt der Stellenwert der gepanzerten und berittenen Ritter zurück, gleichzeitig nimmt aber auch der Stellenwert der leichten und schweren Artillerie zu. Eine wirkliche Infanterie als taktische Formation in der Feldschlacht, wie man sie aus der Antike kannte, wurde erst bei den Schweizern ausgebildet.

Taktiken der offenen Feldschlachten

In ihren Kämpfen bildeten die Schweizer die passenden Kampfformen aus, besonders den langen Spieß, den mehrere Glieder hintereinander vorstreckten und so den Einbruch der Ritter erstmals effektiv abwehren konnten. Der sehr lange Spieß ist sehr unbequem zu tragen und zu nichts als dem Kampf im geschlossenen Haufen zu verwenden. Die Spießträger, die die äußeren Reihen des Gevierthaufens bilden, um die Ritter abzuwehren, waren mit Panzer und Helm versehen, um gegen die Lanzen und Schwerter, aber auch gegen Pfeile und Kugeln geschützt zu sein. Je größer der geschlossener Haufen war, desto schwerer konnte er durch Ritter gesprengt werden.

Die Schweizer begann als erste, sich in drei großen Haufen zu formieren, die sich gegenseitig decken konnten. Diese drei Haufen standen so versetzt, dass sie sich dabei gegenseitig nicht behinderten. Auch ein sehr großer Gevierthaufe von bis zu 10.000 Mann hatte wegen seiner geringen Breite von nur 100 Mann eine hohe Beweglichkeit. Sicher nachweisbar ist diese Formation in drei Haufen ab dem 15. Jahrhundert. Das taktische Element der Schweizer Reisläufer konnten so auch gegen das stärkste mittelalterliche Heer noch überlegene Zahlen ins Feld führen. Ritterliche Heere, auch mit ihren Knechten und Söldnern, waren ihrer Natur nach ja zahlenmäßig immer klein. In den Schlachten von Morgarten bis Nancy sind die eidgenössischen Heere ihren Gegnern so stets erheblich überlegen gewesen. Erst die Gevierthaufen der Schweizer konnten es wagen, als Fußtruppen gegen ritterliche Heere offensiv vorzugehen und sogar befestigte Stellungen zu stürmen. Das ist seit dem Altertum etwas vollkommen Neues.

Schweizer Söldner waren seit dem bei allen folgenden Feldzügen geschätzt und begehrt. Denn keinen Schützen, egal ob mit Bögen, Armbrüsten und Arkebusen gelang es, den Ansturm dieser ungeheuren Haufen von Spießen und Hellebarden aufzuhalten, die von ihre Hauptleuten mit Geschick geführt wurden. Keine Ritterschaft war mehr fähig, sie zu zersprengen oder auch nur zum Stehen zu bringen. Das Schweizer Fußvolk bildete einen taktischen Körper, dem die Ritter, Schützen und anderen Spießknechte des Mittelalters nichts entgegen zu setzen hatten. Die taktische Führung der Schweizer gab hier den Ausschlag.

Gegen die Pikeniere entwickelten die Kürassiere Manöver wie die Caracolla. Die Caracolla, vom spanischen caracol, für Schnecke, ist ein in der frühen Neuzeit entwickeltes Kavallerie-Manöver. Bei einer Caracolla ritt die Kavallerie in mehreren Reihen hintereinander auf die gegnerischen Linien zu. Die einzelnen Reihen feuerten jeweils ihre Salven mit ihren Radschlosswaffen auf die Gegner und kehrten danach sofort um (Kürassiere konnten mit ihren beiden Pistolen zweimal feuern, Bandelierreiter mit ihren Arkebusen einmal, aber auf größere Entfernung). War der Gegner ausreichend geschwächt, ging die Kavallerie in geschlossener Formation und mit gezogenem Degen gegen die sich auflösenden gegnerischen Reihen vor.

Diese Taktik wurde entwickelt, um den großen Nachteilen der Reiterei im Kampf gegen Pikenier-Formationen zu begegnen. Durch Gustav II. Adolf von Schweden wurde diese Taktik im Dreißigjährigen Krieg wieder abgeschafft, ab jetzt wurde vor dem Nahkampf höchstens noch eine Salve geschossen. Der Grund war die sinkende Anzahl der Pikeniere, und gegenüber den Musketieren war man beim Feuergefecht als Reiter weit unterlegen, im Nahkampf dagegen deutlich überlegen. Das dem Karakollieren der Kavallerie entsprechende Verfahren der Infanterie wurde als Enfilade bezeichnet. Vor allem Männer gehobenen Standes bemühten sich um die Aufnahme in eine Kürassier-Einheit, wodurch sie an die ritterlichen Ideale des Mittelalters anknüpfen wollten.

Zu den bekanntesten Kürassierregimentern des Dreißigjährigen Krieges gehörte das des Grafen zu Pappenheim, das als „die Pappenheimer“ sprichwörtlich wurde. Zu dieser Zeit wurde außerdem die alte Standardtaktik Caracolla durch Gustav II. Adolf von Schweden abgeschafft, jetzt feuerten nur mehr die beiden vordersten Glieder, dann ging man zum Nahkampf über. Dadurch ging allmählich auch die Tiefe der Formationen zurück, bereits nach diesem Krieg waren es nur mehr drei Glieder.

Unterschiedliche Bedeutung hatten auch immer wieder die Tirailleure, die in aufgelöster Ordnung kämpfenden Mannschaften der Infanterie, die auch Plänkler genannt wurden. Sie gehörten zur Leichten Infanterie.

Taktiken der offenen Feldschlachten

Anfangs kämpften die mit Arkebusen bewaffneten Krieger außerhalb der geordneten Schlachtformation um mehr Platz zum Zielen zu haben, selbst nicht so leicht getroffen zu werden und Deckungen ausnutzen zu können. Schon zu Beginn des 17. Jahrhunderts hatte diese Taktik in Europa der geschlossenen Formation weitgehend Platz gemacht. Nur die wenigen, mit gezogenen Büchsen bewaffneten Truppen, die Freibataillone und schlechter ausgebildete Milizen und Freischärler behielten sie bei.

Die Tirailleurs schwärmten vor dem Kampf vor ihren Bataillonen) aus. Dabei wurde üblicherweise ein Teil von ihnen etwa auf halbem Weg in geschlossener Formation zurückgelassen, um als Reserve und Rückhalt zu dienen. Die Schützen selbst sollten in Zweiergruppen zusammenarbeiten. Als vorteilhaft erwies sich diese Taktik gegen Artillerie, da Tirailleure auf große Distanz durch diese nur schwer getroffen werden konnten. Allerdings waren sie verwundbar gegen Kavallerie-Attacken. Hauptaufgabe der Tirailleure war es, mit gezielten Schüssen insbesondere Führer und Offiziere der gegnerischen Truppen effektiv zu bekämpfen. Aus diesem Grund waren die Tirailleure auch die einzige Truppe, die mit Gewehren mit gezogenem Lauf ausgestattet waren, da diese im Gegensatz zu den Standardwaffen der Linientruppen eine höhere Treffgenauigkeit gewährleisteten. Das Geplänkel war eine Kampftaktik, die dem Zwecke dient, den Gegner durch andauernden, wenn auch ineffektiven Beschuss aus der Ruhe zu bringen, zu beschäftigen und zu schwächen.

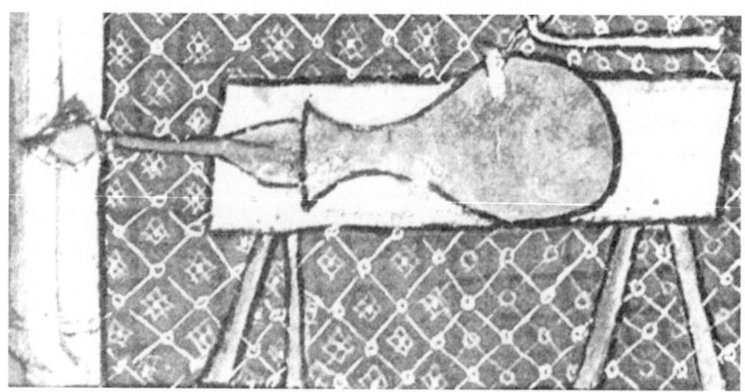

Taktiken der offenen Feldschlachten

Feuerwaffen kamen in Europa kurz nach der Einführung des Schwarzpulvers ab 1325 zum Einsatz. Zunächst wurden mit ihnen feste Plätze verteidigt oder auch angegriffen, da ihr Transport als Feldgeschütz anfangs sehr schwerfällig war. Bald aber wurden die Waffen leichter und führten zu einer völlig neuen Art der Kampfführung. War vor der Einführung der Feuerwaffen der persönliche Kampf Mann gegen Mann entscheidend, so bildete die Fernwirkung der neuen Waffen neue Kampftaktiken heraus: die Geviert-Aufstellung der Infanterie verschwand bald vollständig und wurde durch eine weniger tief gestaffelte Aufstellung ersetzt bis zur höchsten damals denkbaren Feuerwirkung bei der Taktik Friedrichs des Großen, der Lineartaktik.

Artilleriegeschütze wurden ursprünglich offen aufgestellt und direkt mit Sicht auf das Ziel gerichtet. Sie feuerten in der Regel auf Kernschussweite. Die Kernschussweite ist die Entfernung des Geschützes zum Ziel, bei der das Geschoss eine annähernd horizontale Flugbahn beschreibt und ebenso fast waagerecht im Ziel einschlägt. Hierzu kann noch über das Rohr gezielt werden, ballistische Berechnungen sind noch nicht notwendig.

Die ersten Pulvergeschütze wurden bei Belagerungen gebraucht, wo sie in den Mauern der Burgen und Städte die Ziele fanden, deren Zerstörung man mit ihrer Hilfe leichter und aus größerer Ferne zu bewerkstelligen hoffte, als dies mit den bisherigen Kriegsmaschinen möglich war. Bald hatten sich aber auch die Verteidiger der Geschütze bedient und die Mauern durch Anschüttung eines Erdwalles dahinter zu ihrer Aufstellung geeignet gemacht. Die Rohre wurden auf Holzunterlagen gelegt und ihr Rücklauf durch eine dahinter angebrachte Verpfählung gebremst.

Diese Unbeholfenheit in ihrer Bewegung musste naturgemäß die Anwendung von schweren Geschützen sehr beschränken. Man fertigte deshalb auch leichtere Geschützrohre, legte sie auf Bockgestelle oder in Laden, diese auf Unterlagen, die ein Heben der Mündung oder des Bodenstücks mittels der seitlichen Richthörner gestatteten. Die Bockgestelle erhielten dann Räder, wurden also fahrbar, oder man transportierte die Rohre in ihren Gestellen auf besondern Wagen und ermöglichte so ihre Verwendung in der Feldschlacht.

Taktiken der offenen Feldschlachten

Im 14. Jahrhundert erst wurden schließlich die Kanonen als neuartige Waffen bei der Feldschlacht eingeführt. Sie wurden mit Blei- oder Steinkugeln geladen. Der erste Gebrauch der Feuerwaffen findet sich in der Chronik von Metz vom Jahr 1324.

Die Engländer sollen bereits 1346 bei der Schlacht von Crécy einige leichte Kanonen in freier Feldschlacht verwendet haben. Ein sachlicher Unterschied zwischen Feld-, Festungs- und Belagerungsartillerie bestand anfangs nicht, man nahm mit ins Feld, was sich transportieren ließ. Die größte Kanone des Mittelalters wurde wohl 1453 bei der Beschießung von Konstantinopel benutzt. Sie hatte eine Rohrlänge von fast neun Metern und feuerte Kugeln von ungefähr 550 kg ab. Da das gewaltige Kanonenrohr vor dem Nachladen erst wieder abkühlen musste, konnte pro Stunde aber nur ein Schuss von ihr abgegeben werden.

Eine wirkliche Neuerung brachten erst die Hussiten, als sie im 15. Jahrhundert weite Teile Mitteleuropas durchzogen und hierbei erstmals auch Artillerie in nennenswertem Umfang in der offenen Feldschlacht verwendeten. Die Hussiten bildeten aus ihren mitgeführten, mit Schießscharten versehenen und mit Geschützen bestückten Wagen eine Wagenburg, die auch berittene Ritter nicht durchbrechen konnte. Erst mit der Hilfe der Wagenburg gelingt es den Hussiten, sich mit dem Fußvolk gegen Ritterheere zu behaupten. Die Zahl der in Feldschlachten verwendeten Geschütze hatte sich zu Anfang des 15. Jahrhundert erheblich gesteigert, denn die Hussiten eroberten in der Schlacht bei Riesenberg 1431 bereits 150 Geschütze. Aber die Wagenburg war ein viel zu schwerfälliges Instrument, um den Bedürfnissen der Kriegführung zu folgen. Eine anhaltende Nachwirkung hatte dieses hussitische Kriegswesen daher nicht gehabt.

Für den direkten Schuss im Flachfeuer dienten „Büchsen“ oder „Stücke“. Es gab die Scharfmetze, ein 70-pfündiges Belagerungsgeschütz, dessen Rohr von 16 und dessen Lafette von sechs Pferden gezogen wurde, sowie die Quarte, ein 40-Pfünder, die von zwölf, beziehungsweise sechs Pferden gezogen wurde.

Es folgten die Feldgeschütze wie die 20-pfündige Notschlange, die 11-pfündige Feldschlange oder Serpent, die 8-pfündige Halbschlange, das 6-pfündige Falkonett. Natürlich wollte jeder Stückgießer, von denen viele zur Zunft der Büchsenmeister gehörten, selbständig sein und Geschütze nach seiner Art herstellen, woraus die zahllosen Kaliber und speziellen Konstruktionen der Geschützrohre wie ihrer Lafetten entstanden.

Wie damals ein Kampf nur durch das Handgemenge entschieden wurde, so konnten Geschütze nur im Kampf Mann gegen Mann gewonnen oder erobert werden. Deshalb wurden auch die Geschütze zu den Trophäen der Schlacht gerechnet. Die Geschütze hatten oft klangvolle Namen, wie „Faule Magd“, „Chriemhilde“, „Spinnerin“, „Tolle Grete“ oder die „große Pumhardt“, welche heute im Heeresgeschichtlichen Museum in Wien ausgestellt ist. Daneben existierten Bezeichnungen wie Nachtigall, Basiliske, Kartaune, Singerin, Falkaune, Ronterde, Pommer, Sau, Wagen-, Bock-, Not-, Zentner- und Riegelbüchse und das Ribauldequin oder Orgelgeschütz. Hinzu kam die ortsfest auf stabilen Holzbalken aufgebockte Bombarde zur Zerstörung von Festungswerken im direkten Schuss, oft hinter einem hochklappbaren Schirm aus stabilen Holzbalken, und die aus den Hussitenkriegen zur Verteidigung der Wagenburg übernommenen Tarasnitzen, die Terrabüchsen und die Haufnitzen. Für das Steilfeuer gegen Festungen oder bei Belagerungen wurden Feuertöpfe oder Mörser, Böller, Roller und Wurfkessel verwendet, wobei zum Teil sogar pulvergefüllte Hohlkugeln als Sprenggeschosse verschossen wurden.

Büchsenmeister dienten als Kriegsingenieure und Artillerieoffiziere. Kommandiert wurde sie von dem Obersten Zeugmeister, der bei der Plünderung einer eroberten Stadt ein Anrecht auf sämtliche intakten Geschütze und sonstige Waffen der besiegten Gegner hatte. Für den Transport der Geschütze war der Geschirrmeister zuständig, während der Zeugwart über die Munition und den eigenen Tross der Artillerie wachte. Spezialeinheiten, wie zum Beispiel Belagerungsingenieure und die für die Belagerungsartillerie verantwortlichen Soldaten, setzten sich üblicherweise aus Berufssoldaten zusammen, die speziell für einen Feldzug angeheuert wurden.

Taktiken der offenen Feldschlachten

Um die Entwickelung der Artillerie erwarb sich Kaiser Maximilian I. großes Verdienst, indem er ein bestimmtes System in die Kaliber brachte und die Lafettenkonstruktion vervollkommnte. Es herrschte große Typen- und Begriffsvielfalt, für die Geschütze der Landsknechtheere versuchte Maximilian I. daher, einheitliche Bezeichnungen und Kategorien festzulegen. Er hatte auf seinem Zug nach Venedig 1509 schon 106 Geschütze mit Räderlafetten, die gegen Mitte dieses Jahrhunderts auch ein Marschlager erhielten, beim Schießen auf Holzbettungen abgeprotzt standen und daher Rücklauf hatten, eine bahnbrechende Erkenntnis im Gebrauch der Artillerie. Eine organisierte Artillerietruppe bestand noch nicht; sie war eine Zunft, die auf den Schultern der Büchsenmeister ruhte.

Dem Dreißigjährigen Krieg aber blieb es vorbehalten, die Bedeutung der Feldartillerie in der ihr von Gustav Adolf gegebenen taktischen Verwendung in außerordentlicher Weise zu Steigern. Er erleichterte die Geschütze und dadurch ihre Beweglichkeit, gab den Infanterieregimentern die Regimentskanonen und vereinigte die übrigen Geschütze zu größeren Batterien auf den Flügeln der Truppenstellungen. Den Übergang über den Lech erzwang er sich mit 72 Geschützen in drei Batterien, und vor Frankfurt an der Oder brachte er 200 Geschütze aller Kaliber ins Feuer.

Taktiken der offenen Feldschlachten

Die Schlacht von Hastings 1066

Am 28. September 1066 ging Wilhelm der Eroberer, der Herzog der Normandie, mit seinem Heer bei Hastings an Land, wo er am 14. Oktober 1066 in der Schlacht bei Hastings Harald II., den letzten angelsächsischen König Englands, besiegte und tötete. Der Sieg der Normannen leitete deren Herrschaft über England ein. Herzog Wilhelm hatte sein Heer in drei Formationen aufgeteilt. Sein Aufgebot war etwa 7.000 Mann stark, darunter etwa 2.000 bis 3.000 schwere Reiter. Diese waren mit Kettenrüstungen und Langschilden ausgerüstet und kämpften mit Lanzen, Schwertern und Streitkolben. Besondere Schlagkraft verlieh ihnen die Verwendung von Steigbügeln. Darüber hinaus wurden von den Normannen neben Bogenschützen erstmals auch Armbrustschützen eingesetzt. Das Aufgebot von Harald II. bestand mehrheitlich aus einfachen Bauern mit wenig Kampferfahrung. Nur den Kern des Heeres bildeten schwer gerüstete Fußsoldaten, die durch Kettenrüstungen und Langschilde geschützt waren und mit großen Streitäxten kämpften. Das angelsächsische Heer umfasste keine Reiter und nur wenige Bogenschützen. Die Angelsachsen bildeten dichten Schildwall, der Schutz vor Pfeilen und Reiterangriffen bot. Zahlreiche Angelsachsen waren mit Speeren bewaffnet, was einen Angriff auf ihren Schildwall zusätzlich erschwerte. Am späten Morgen eröffneten die Normannen die Schlacht. Gegen Abend leistete nur noch Harald II. mit seinen besten Fußsoldaten ernsthaften Widerstand, bis er bei einem Angriff normannischer Reiter den Tod fand. Die mit etwa neun Stunden Dauer längste Schlacht ihrer Zeit hatte ihr Ende gefunden.

Die Kreuzzüge

Die Kreuzzüge der mittelalterlichen Völker Europas waren sowohl religiös als auch wirtschaftlich motivierte Kriege. Dem Ersten Kreuzzug ging ein Hilferuf des byzantinischen Kaisers Alexios I. um militärische Unterstützung gegen die Seldschuken voraus. Dieser löste den Aufruf Papst Urbans II. von 1095 aus, der zur Befreiung Jerusalems und des „Heiligen Landes“ aus der Hand der Muslime aufforderte. Nach schweren Kämpfen, unter anderem bei der Einnahme Antiochias, endete dieser Kreuzzug mit der Eroberung Jerusalems im Juli 1099.

Taktiken der offenen Feldschlachten

Danach wurden in der Folge insgesamt vier Kreuzfahrerstaaten gegründet. Wegen derer Bedrohung durch die muslimischen Nachbarstaaten wurden weitere Kreuzzüge durchgeführt, denen jedoch meist kaum ein Erfolg beschieden war. Der Zweite Kreuzzug war zur Entlastung der Kreuzfahrerstaaten gedacht. Er wurde durch den Verlust der Grafschaft Edessa im Jahre 1144 veranlasst. Er begann aber erst 1147 und endete nach mehreren Niederlagen der Kreuzfahrer im Jahre 1149 ergebnislos. Das Königreich Jerusalem erlitt 1187 in der Schlacht bei Hattin eine schwere Niederlage, auch Jerusalem ging wieder verloren. Der Dritte Kreuzzug sollte die Rückeroberung Jerusalems von Sultan Saladin herbeiführen. Der Kreuzzug wurde von Philipp II. von Frankreich, Richard I. von England und Kaiser Friedrich I. angeführt und erreichte lediglich die Eroberung der Stadt Akkon durch die Kreuzfahrer und verhinderte die völlige Auslöschung des Königreiches Jerusalem durch Saladin. Mit Akkon fiel 1291 endgültig die letzte der Kreuzfahrerfestung.

Die Schlacht von Bannockburn 1314

Am 23. und 24. Juni 1314 fand im Sumpfland von Bannockburn eine der entscheidenden Schlachten der schottischen Unabhängigkeitskriege statt. In der Nähe von Stirling trat ein ungefähr 5.000 Mann starkes schottische Heer auf die mit etwa 20.000 Soldaten erheblich größere englischen Armee unter Eduard II. Diese Schlacht dauerte zwei Tage. Das schottische Heer unter dem Befehl von Robert Bruce hatte an der Furt bei Bannockburn Stellung bezogen hatte. Die ersten englischen Angriffe wurden unter geringen Verlusten zurückgeschlagen. Erst am folgenden Tag kam es zur Hauptschlacht. Die erste englische Kavallerieattacke war ungeordnet und verlustreich. Nur wenige Ritter schafften es, die Formation der schottischen Schiltrons zu durchbrechen. Dort wurden sie sofort getötet. Die zahlenmäßige Überlegenheit der englischen Truppen machte es ihnen unmöglich, die eigenen Truppen kontrolliert zu sammeln. Während dessen wurden sie durch die schottischen Streitkräfte zum Fluss hin zurückdrängten. Edward II. floh vom Schlachtfeld schließlich auch per Schiff zurück nach England.

Taktiken der offenen Feldschlachten

Der Hundertjährige Krieg 1337 bis 1453

Als Hundertjähriger Krieg wird der englisch-französische Konflikt und der französische Bürgerkrieg zwischen 1337 und 1453 bezeichnet.

1328 starb der letzte männliche Kapetinger, der französische König Karl IV. Ihm folgte nach geltendem salischen Erbrecht sein Cousin Philipp VI aus dem Haus Valois. Auf Grund seiner Abstammung erhob aber auch König Edward III. von England Ansprüche auf die Krone, denn durch die Stellung des Hauses Plantagenet als Lehensträger Frankreichs hatten diese Interesse, ihre Kontinentalbesitzungen zu erhalten. So forderte Edward, mit Unterstützung niederländisch-flämischer und deutscher Fürsten, die französische Krone. 1340 ernannte sich Edward III. selbst zum französischen König und fiel in Frankreich ein. Der Hundertjährige Krieg begann. 1355 flammte der Krieg erneut auf, als Edward, der Prince of Wales, Bordeaux einnahm. 1356 errangen die Engländer in der Nähe von Poitiers ihren zweiten großen Sieg und nahmen König Johann II. gefangen, der 1350 Philipp VI. auf den Thron gefolgt war. 1360 erklärte Edward III. seinen Verzicht auf die französischen Thronansprüche gegen die Abtretung von Guyenne, Gascogne, Poitou und Limousin. Doch bis 1370 eroberten die Franzosen einen großen Teil der verloren gegangenen Gebiete zurück und vertrieben die englischen Besatzungen aus der Normandie und der Bretagne. 1413 folgte Heinrich V. als englischer König und erneuerte den Anspruch auf den französischen Thron.

Bei seinem Versuch, die Normandie zu erobern, kam es am Morgen des 25. Oktober 1415 zur Schlacht von Azincourt. Die Engländer waren dabei zahlenmäßig aber eine schlechte Schlachtaufstellung der französischen Armbrustschützen und der vom Regen aufgeweichte Boden ließen die französischen Ritter und die Artillerie im Schlamm stecken bleiben. Diese Schlacht endete für Frankreich in einer Katastrophe. Etwa 5.000 Mann der französischen Ritterschaft waren gefallen und weitere 1.000 waren gefangen genommen worden, während die Engländer nur etwa 100 Mann zu beklagen hatten. Heinrich V. setzte 1417 seinen Eroberungsfeldzug fort, und brachte weite Teile Nordfrankreichs unter englische Herrschaft.

Taktiken der offenen Feldschlachten

1428 eroberten die Engländer Nordfrankreich bis zur Loire-Linie und begannen mit der Belagerung von Orléans. Von ihren göttlichen Visionen geleitet, überzeugte in dieser Situation Johanna von Orléans den Dauphin, dass sie die Franzosen zum Sieg führen würde, und hob schließlich die Belagerung von Orléans auf. Doch selbst mit dem späteren Tod von Johanna konnten die Engländer die Niederlage im Hundertjährigen Krieg nicht mehr abwenden. Schließlich erreichte Karl VII. durch die Vermittlung von Papst Eugen IV. im Vertrag von Arras eine Verständigung und die Lösung Burgunds von England. Nachdem der Herzog von Burgund das Bündnis mit England aufgegeben hatte, waren die Franzosen auf dem Vormarsch. Mit den folgenden französischen Siegen fielen fast alle von England beherrschten französischen Festlandsgebiete an Frankreich zurück.

Die Hussitenkrieg von 1419 bis 1439

Der Begriff Hussitenkriege bezeichnet eine Reihe von Auseinandersetzungen und Schlachten in den Jahren 1419 bis 1439 auf dem Gebiet des damaligen Königreichs Böhmen. Unter dem Begriff Hussiten werden mehrere reformatorische Strömungen zusammengefasst, die sich nach der Verbrennung des Theologen und Reformators Jan Hus auf Beschluss des Konzils von Konstanz im Jahre 1415 herausgebildet hatten. Sie wurden von den meisten böhmischen Adeligen unterstützt und richteten sich hauptsächlich gegen die böhmischen Könige, die damals gleichzeitig das Amt des römisch-deutschen Kaisers bekleideten, und die römisch-katholische Kirche, in deren Namen der Papst zu einem Kreuzzug gegen die Hussiten aufgefordert hatte. Das Vorgehen Wenzels führte zu einem Aufstand. Dabei kam es am 30. Juli 1419 zum ersten Prager Fenstersturz, bei dem Hussiten das Rathaus stürmten und einige Ratsherrn aus dem Fenster warfen. Im Dezember 1419 erlitt eine kaiserlich-katholische Einheit in der Nähe von Pilsen eine erste Niederlage gegen ein kleines hussitisches Kontingent. Die sich als Gottesstreiter empfindenden Hussiten errangen mit neuen Kampftechniken, den hussitischen Wagenburgen, dem gezieltem Einsatz von Feuerwaffen und ihrer hohen Marschgeschwindigkeit, erstaunliche Erfolge. So verbreiteten sie auf ihren Zügen in ganz Mitteleuropa Angst und Schrecken.

Taktiken der offenen Feldschlachten

Der Dreißigjährige Krieg von 1618 bis 1648

Der Dreißigjährige Krieg entstand aus einem territorialen Streit, entwickelte sich dann aber schnell zu einem Konflikt innerhalb des Römisch-Deutschen Reichs und schließlich zu einem europäischen Krieg. Obwohl zunächst religiös begründet, wurde er überwiegend aus machtpolitischen Gesichtspunkten geführt wurde. Hier bekriegten sich zwei von katholischen Mächten geführte Machtblöcke, die spanischen und österreichischen Habsburger einerseits und Frankreich andrerseits. Der Auslöser, der zum Ausbruch des Krieges führte, war der Aufstand der mehrheitlich protestantischen böhmischen Stände im Jahr 1618. Am 8. November 1620 fand am Weißen Berg vor den Toren Prags die erste große Schlacht des Krieges statt: Die zahlenmäßig weit überlegenen Truppen der katholischen Liga besiegten das böhmischen Ständeheer.

Die Feldzüge und Schlachten des Dreißigjährigen Krieges fanden überwiegend auf dem Gebiet des Heiligen Römischen Reiches statt. Die Kriegshandlungen und die durch sie verursachten Hungersnöte und Seuchen entvölkerten ganze Landstriche. Einige der vom Krieg besonders betroffenen Territorien benötigten mehr als ein Jahrhundert, um sich von dessen Folgen zu erholen. Im Verlauf folgten vier Konflikte aufeinander.

Zu Beginn des Böhmisch-Pfälzischen Krieges von 1618 bis 1623 drang das böhmische Heer weit in die österreichischen Stammlande der Habsburger bis vor Wien ein, verloren im Verlauf der nächsten Jahre jedoch entscheidende Schlachten. Im darauf folgenden Dänisch-Niedersächsischer Krieg von 1623 bis 1629 erhielten aber auch die Dänen nicht die erwartete Unterstützung aller Protestanten, so dass Dänemark wegen Wallensteins Vorrücken zum Ende des Konflikts aus dem Krieg ausschied. Der Schwedischer Krieg von 1630 bis 1635 wurde hierdurch ausgelöst, denn Gustav Adolf von Schweden sah jetzt seine Chance. Diese Phase endete mit dem Tod sowohl Wallensteins als auch Gustav Adolfs. Der Schwedisch-Französischer Krieg von 1635 bis 1648 bildetet den Abschluss der Kriegshandlungen und endete erst mit dem Westfälischen Frieden am 24. Oktober 1648.

Die offene Feldschlacht, in der mehr oder weniger geordnete Formationen aufeinanderprallen, war in den kriegerischen Auseinandersetzungen des Mittelalters eher die Ausnahme. Dafür gab es viele Gründe. Stattdessen wurde immer wieder um die Eroberung und Besetzung von feindlichen Burgen und auch ganzen Städten gerungen. Die Belagerung von Stadt oder Burg war die Haupttaktik der mittelalterlichen Kriegsführung.

Der Begriff der Burg bezeichnete einen in sich geschlossenen, bewohnbaren Wehrbau. Im engeren Sinne dieses Wortes bezeichnete Burg vor allem einen mittelalterlichen Wohn- und Wehrbau. Im Sprachgebrauch des Mittelalters änderten sich die Bezeichnungen für das, was heute als Burg bezeichnet wird, im Verlauf der Zeit immer wieder. Das althochdeutsche Wort „burg“ bezeichnete meist größere befestigte Siedlungen und Fliehburgen. Dann verbreitete sich im 14. Jahrhundert die Bezeichnung „veste“, bis im 16. Jahrhundert Burgen schließlich allgemein als „Schloss“ bezeichnet wurden.

Kennzeichnend für eine Burg waren ihre Überhöhung über das umgebende Gelände sowie der kontrollierte Zugang zur Burg. Im Gebirgsraum errichtete man Höhenburgen auf Bergspornen, an Hängen und häufig auf schwer zugänglichen Berghöhen. Im Flachland wurden dagegen auf künstlichen Erdanhäufungen mit umlaufender Mauer und umgebendem Wassergraben so genannte Motten angelegt.

Der bis heute augenfälligste Bestandteil einer mittelalterlichen Burg war der Turm, der entweder als Wohnturm oder als Bergfried ausgeprägt war. Als Bergfried wurde der Hauptturm einer Burganlage bezeichnet, der nicht für eine dauerhafte Wohnnutzung vorgesehen war, sondern in erster Linie Wehrfunktionen übernahm.

Häufig wurden die Burganlagen durch weitere Türme an den Toren sowie durch Mauer- und Flankierungstürme ergänzt. Die Burg war außer von einer Mauer auch von weiteren Befestigungen wie Burggraben, Wall und anderen Hindernissen umgeben. Bei den Mauern wurde je nach Höhe und Ausprägung zwischen Ringmauer, Mantelmauer und Schildmauer unterschieden.

Belagerung von Stadt und Burg

Außerdem wurde der Umfassungsmauer häufig noch eine Vormauer, die so genannte Zwingermauer vorgelegt. Diese zusätzliche außen verlaufende Mauer von geringerer Höhe, umschloss den Zwinger, einen Zwischenraum, der meistens durch weitere Mauern in mehrere Bereiche geteilt wurde.

Das Hauptgebäude früher Burgen war ein saalartiges Wohngebäude, der „Palas“. Neben den Wohnbauten gab es in den Vorburgen noch Werkstätten, Backhäuser, Ställe oder Lagerräume. Eine besondere Herausforderung stellte bei den Höhenburgen die Wasserversorgung dar. Sie wurde meist über Zisternen gesichert, in denen das Regenwasser gespeichert wurde. Im späten Mittelalter wurden Brunnen angelegt, die beträchtliche Tiefen erreichen konnten. Den meisten Burgen war ein Wirtschaftshof zugeordnet, der die Versorgung mit den notwendigen Gütern sicherstellte.

Viele hochmittelalterliche Burgen standen innerhalb älterer, wesentlich großflächigerer Wallanlagen. Festungstechnisch günstige Plätze wurden oft über viele Jahrhunderte hinweg benutzt. Die Blütezeit des Burgenbaus war das Hoch- und Spätmittelalter. Der Burgenbau gehörte zu den wichtigsten Mitteln der Machtausübung, weshalb er zu den Königsrechten zählte. Burgen zu sichern oder einzunehmen war ein Schlüsselelement des Krieges, denn Burgen dienten zur Verteidigung des Landes. Die Krieger, die eine Burg besetzt hielten, kontrollierten auch das umgebende Land. Die Zahl der waffenfähigen Männer auf einer Burg war aber häufig gering, manchmal war nur der Burgherr mit einigen Knechten zur Verteidigung bereit.

Die Mehrzahl der mittelalterlichen Wehrtürme war in eine größere Befestigungsanlage integriert, in eine Stadtmauer oder in den Baukomplex einer Burg. Frühmittelalterliche Türme waren oft in Holzbauweise errichtet, ab dem Hochmittelalter wird bei größeren Anlagen der Steinbau zur Regel. Wehrtürme kamen auch als einzeln stehende Bauten vor, oft übernahmen sie dabei die Funktion eines vor gelagerten Wachposten. Die mittelalterliche Burg verlor ihre Bestimmung erst mit dem Aufkommen neuer moderner Waffen.

Belagerung von Stadt und Burg

Als Reaktion auf die neuen Kriegstechniken verstärkte man seit dem 14. Jahrhundert die Burgmauern oftmals mit einer Erdaufschüttung und versah die Burg mit relativ niedrigen, massiven Artilleriebauwerken, den so genannten Rondellen. Diese Maßnahmen stellten jedoch keine ausreichende Antwort auf die Bedrohung durch Geschütze dar. In den meisten Fällen wurde auf die Umwandlung von Burgen zu Artilleriefestungen verzichtet, zumal viele Burgen mit ihren hohen Gebäuden ein leichtes Ziel für Mörser darstellten. Die Wohnfunktion der Burgen wurde dann allmählich von den Städten übernommen.

Die Entwicklung der Adelsburg verlief größtenteils parallel zu der der Stadtbefestigungen. Eigentlich sind die Städte des Mittelalters nichts anderes als riesige Burgen. Die Einwohner nannte man daher folgerichtig auch Bürger. Typische Elemente der Burgenarchitektur wie der Bergfried finden so ihre städtische Entsprechung. Viele Burgen wurden aber auch in einem Zuge mit den städtischen Befestigungen gebaut. Viele sind durch Schenkelmauern mit der Stadtbefestigung verbunden. Tore, Gräben, Wehrtürme und Vorwerke müssen also als Einheit verstanden werden.

Bedeutende Märkte hatten oft eine massive Steinmauer mit Wehrtürmen und Toren, waren also stadtähnlich ausgebaut. Ab dem 12. Jahrhundert entstanden hunderte kleinerer und größerer Siedlungen in ganz Europa, denen in der Folge das Stadt- oder Befestigungsrecht zuerkannt wurde. Die Befestigungsanlagen dieser Siedlungen wurden im Laufe ihrer Geschichte immer weiter ausgebaut und dem aktuellen Stand der jeweiligen Kriegstechnik angepasst.

Als die Städte wuchsen, wurden auch sie bald immer stärker befestigt. Die Stadtmauer war mit dem Stadttor die wichtigste historische Befestigung einer mittelalterlichen Stadt zum Schutz vor Angreifern. Sie bestand anfangs meist aus Stein oder Lehm und war mindestens mannshoch, meist jedoch deutlich höher. Solch eine Stadtmauer konnte nur durch die Stadttore passiert werden. Eine Stadtmauer zu errichten war ein Privileg, das durch das Befestigungsrecht verliehen wurde.

Belagerung von Stadt und Burg

Die Wehrmauern wurden damit zum Merkmal einer Stadt oder eines Marktes. Sie bestand in der einfachsten Form aus einem geschlossenen Mauerring mit seinen Toren. Die Mauerkrone war meistens begehbar und hatte an der Außenseite eine mannshohe Brüstung mit Schießscharten oder Zinnen. Neben der Stadtmauer kamen im Laufe der Zeit zahlreiche Verstärkungen zur Verteidigung hinzu. Der Stadtgraben war ein vorgelagerter Graben, der mit Wasser gefüllt sein konnte. Der Torturm wurde neben oder über dem Stadttor errichtet und diente zur besseren Verteidigung des Tores. Ein weiterer Turm, der Mauerturm, wurde so errichtet, dass er vor die Mauer hervorragte. So konnte die Mauer mit Waffen zu beiden Seiten des Turms bestrichen werden.

Seit dem 14. Jahrhundert machten Feuerwaffen den Schutz von städtischen Siedelungen und Burgen bautechnisch immer schwerer. Denn die Geschosse der neuartigen Geschütze konnten die Mauern so stark beschädigen oder zerstören, dass sie keinen Schutz mehr gegen die Angreifer boten.

Dieses Problem versuchte man dadurch zu lösen, dass die bestehenden Stadtmauern verstärkt und durch dickwandige, hohe Kanonentürme ergänzt wurden. Zunächst erhielten die Zwinger halbkreisförmige Türme, in denen Kanonen aufgestellt werden konnten. Später erhielten manche Städte eine neue sternförmig angeordnete Befestigungsanlage, die aus dicken, mit Mauerwerk verkleideten Erdwällen bestand und auch längerem Beschuss standhalten konnte.

Mit dem Wachstum der Städte begannen diese, ihre eigenen Bürgerwehren zur Verteidigung aufzustellen. In den Bürgerwehren waren vor allem Stangenwaffen weit verbreitet. Noch heute kennt man den Begriff des Spießbürgers. Neben den Mauern und Wehrtürmen gab es in den belagerten Burgen und Städten auch aktive Maßnahmen zur Verteidigung. Da gab es zuerst einmal an der äußeren Verteidigungsmauer die vielen Pechnasen, durch die man kochendes Wasser oder siedendes Öl aber auch heißes Pech und brennenden Schwefel auf die Angreifer kippte. Dann waren da die Erker, von denen man schwere Steine, Speere, Balken oder eisenbeschlagene Pflöcke auf die feindlichen Truppen herunterwerfen konnte.

Zusätzlich standen hinter den Mauerzinnen die Bogen- und Armbrustschützen, die die Angreifer mit ihren Pfeilen und Bolzen eindeckten. Auch aus dem Inneren der belagerten Burg oder Stadt schossen große Geschütze auf die feindlichen Stellungen, um die Belagerungsgeräte zu zerstören.

Die Belagerung einer Stadt oder einer Burg war eine Form des bewaffneten Angriffs, die angewendet wurde, um befestigte Anlagen zu erobern oder ihre Kampfkraft auszuschalten. Hierbei wurde der Ort so von den angreifenden Truppen umschlossen, dass jeder Austausch zwischen den Belagerten und dem Umland unterbunden wurde. Insbesondere der Nachschub an Truppen, Waffen und Nahrungsmitteln sollte verhindert werden. Während des gesamten Mittelalters stellte die Belagerung von Stadt oder Burg eine der Haupttaktiken der europäischen Kriegsführung dar.

Das klassische Ziel einer Belagerung war die Schwächung der Befestigungsanlage, wenn sie zu starke Gegenwehr leistet, um sie mit einem direkten Sturmangriff zu bezwingen. Dies geschah vor allem durch Einsatz von Belagerungsgerät, Artillerie oder Sappeuren, vergleichbar den heutigen Pionieren. Durch eine Schwächung der Befestigung, neben der physikalischen Beschädigung der Wehranlagen auch durch die psychologische Einwirkung auf die Moral der Belagerten, sollte entweder ein Sturmangriff ermöglicht werden, oder die Kapitulation wurde erreicht.

Besondere psychologische Wirkung erzielte meist schon die Androhung der Brandschatzung einer belagerten Stadt auf ihre Bürger. Brandschatzung nannte man im Mittelalter die Forderung eines Angreifers nach finanzieller Entschädigung unter Androhung des Niederbrennens und Plünderung der angegriffenen oder belagerten Stadt. Diese Drohung war häufig so wirksam, dass sie eine rasche Kapitulation zur Folge hatte.

Da die Festungsmauern der Burgen und Städte im Allgemeinen einander gleich waren, gestaltete sich auch eine Belagerung bei beiden gleich, nur dass die Belagerung einer Stadt auf Grund der größeren Ausdehnung mehr Krieger und Belagerungswerke erforderte.

Belagerung von Stadt und Burg

Die einfachste Form der Belagerung bestand darin, den Feind einfach einzuschließen und abzuwarten, bis ihm die Nahrung oder das Wasser ausging. Die Dauer einer Belagerung führt aber sowohl bei den Belagernden als auch bei den Belagerten wegen der mangelnden Hygiene und einsetzender Nahrungsknappheit häufig zu Krankheiten und Seuchen.

Hatte ein Angreifer die Absicht, eine Stadt oder Burg zu belagern, so wurde ein Lager aus Zelten für die Anführer und Hauptleute und Verschlägen aus Brettern und Stroh für das Fußvolk erbaut. Mitgeführte Belagerungsgeräte wurden in Stellung gebracht, andere vor Ort angefertigt. Zuerst versuchte man häufig, einen geschützten Vorposten in der Nähe der Mauer zu errichten. Hier konnte dann eines der ersten Geschütze zum Beschuss der Mauer montiert werden.

Häufig wurde vor einer Belagerung zunächst ein Sturmangriff durchgeführt. Unter Ausnutzen das Überraschungsmoment erfolgt oft mit einem kleinen Truppenkontingent ein Angriff, der entweder ein Tor überrennen oder gleich den gegnerischen Befehlshaber ergreifen oder töten sollte. Eine Belagerung war sowohl zeitlich als auch finanziell wesentlich aufwändiger als ein Sturmangriff. Daher wurde trotz der damit verbundenen Risiken meist versucht, eine Belagerung schon vorab durch einen Sturmangriff zu entscheiden. Zuerst musste hierfür eine Annäherung an die Befestigung ermöglicht werden. Dazu mussten Hindernisse wie Gräben zugeschüttet werden. Hierbei kamen zum Schutz der Truppen fahrbare oder tragbare Wände und Dächer verschiedener Typen zum Einsatz. Danach musste versucht werden, die Wälle oder Mauern zu überwinden.

Man benutzte Sturmleitern oder Belagerungstürme, um die Mauern zu übersteigen. Darüber hinaus benutzte man Rammböcke oder Mauerbohrer, um Breschen in die gemauerten Wehren zu schlagen oder um das Tor zu sprengen. Diese Mauerbrecher wurden üblicherweise in fahrbare und überdachte Gestelle eingebaut. Katapulte benutzt man, um Breschen in die Mauern zu schießen oder um über die Schutzmauern in den Innenraum zu schießen.

Zum Beschuss der Mauer wurden meist massive Steingeschosse benutzt, in den inneren Bereich wurden häufig auch Brandgeschossen gefeuert. Des Weiteren unterminierte man die Mauern durch unterirdische Gänge. Die so direkt unter die Mauern gegrabenen Kammern, die mit Balken abgestützt waren, wurden durch Feuer zum Einsturz gebracht, was den Einbruch der Mauern an diesen Stellen zur Folge hatte. Man konnte durch diese Stollen aber auch heimlich Soldaten hinter die Befestigung bringen, die dann zum Beispiel ein Tor öffnen konnten.

Größeren Belagerungen konnten die meisten Burgen nicht längere Zeit widerstehen, einige Monate oder sogar Jahre des Widerstandes sind in Einzelfällen jedoch belegt. Hier muss man berücksichtigen, dass eine solche Belagerung auch für den Angreifer äußerst kostspielig werden konnte. Wenn der Feind aus finanziellen Gründen seine Belagerung abbrach, hatte der Burgbau also seinen Zweck erfüllt.

Belagerungsgeräte, die im historischen Sprachgebrauch mit dem Sammelbegriff Antwerk bezeichnet wurden, umfassten alle Hilfsmittel zur Erstürmung und Maschinen zur Zerstörung oder Schwächung einer Befestigung. Belagerungsmaschinen reichten von primitiven Konstruktionen, die vor Ort hergestellt wurden bis zu komplizierten Apparaten und Maschinen, die von den Belagerern mitgeführt wurden.

Die Sturmleiter war auch unter den Begriffen Steigbaum, Einholmleiter oder Steighaken bekannt. Eskaladieren nannte man die Ersteigung von Mauern oder steilen Böschungen mittels Sturmleitern. Häufig einholmig mit an der Spitze angebrachten Haken waren die Sturmleitern leicht zu handhaben. Die Sturmtruppen sollten den Wall der Burg oder Festung ersteigen, sich dort festsetzen und ein Tor von innen öffnen. So konnten dann die Truppen in die belagerte Stadt oder Burg eindringen.

Um sich ungestört von den andauernden Schüssen der Verteidiger den Mauern nähern zu können, konstruierte man die Katze, eine hölzerne Deckung auf Rädern. Dach und Seiten waren gegen Pfeil- und Bolzenschuss gepanzert.

Belagerung von Stadt und Burg

Nur der direkte Treffer durch eine Blide oder eine Balliste oder der Einsatz von Brandmitteln konnte der Katze gefährlich werden. Unter diesem Schutz konnten die Belagerer sicher arbeiten.

Um die Mauern zum Einsturz zu bringen, fand häufig auch der Sturmbock oder Rammbock seinen Einsatz. Er diente dazu Mauern, Tore oder Türme einzureißen. Den Rammbock gab es in vielen Varianten. Ein zugespitzter Balken aus schwerem Eichenholz, meist mit einer eisernen Spitze versehen, hing in Ketten an einem transportablen Gestell, das zum Schutz eine Deckung gegen Geschosse oder heiße Flüssigkeiten besaß. Mit Schwung wurde dann der Balken immer wieder gegen die einzureißende Mauer gestoßen, bis die an dieser Stelle einstürzte oder sich eine Öffnung ergab.

Eine Blide funktionierte nach dem Hebelarmprinzip, bei dem ein Gegengewicht auf der kurzen Armseite für die notwendige Beschleunigung der langen Armseite sorgt. Hier war eine Schlinge angebracht, in der sich das Geschoss befand. Die Rotation des Wurfarmes sorgte für eine starke Beschleunigung des Geschosses, worin sich auch die enorme Reichweite der Bliden begründet. Man unterschied hierbei zwischen einem starren und einem beweglichen Gegengewicht.

Das starre Gewicht war fest mit dem kurzen Arm verbunden, das bewegliche Gegengewicht hing dagegen in einer frei pendelnden Kiste am kurzen Ende des Wurfarms. Die Masse eines Gegengewichtes betrug bis zu 12 Tonnen, die Wurfarme von 18 bis 20 m Länge führten zu sehr hohen Reichweiten. War eine Blide errichtet und fertig geladen, wurde mit einem kräftigen Hammerschlag das Halteseil gelöst, und der tonnenschwere Gewichtkasten zog den Wurfarm empor. Im Bogen flog das zentnerschwere Steingeschoß zielgenau auf die Mauer oder in den Innenraum der belagerten Stadt oder Burg.

Ein Belagerungsturm wurde gebaut, um mit den eigenen Truppen die gegnerischen Mauern zu überwinden. Belagerungstürme waren meist mehrstöckige Holzkonstruktionen auf Rädern oder Rollen, die von den Belagerern vor Ort angefertigt wurden.

Über Leitern kletterten die Bogen- und Armbrustschützen auf die oberen Plattformen des Belagerungsturmes. Die darunter befindliche Ebene, die eigentliche Sturmebene, war so angelegt, dass man von hier die Mauerkrone mit Hilfe von Fallbrücken übersteigen konnte. Der Belagerungsturm wurde mit Winden allmählich an die Festungsmauer heran gezogen.

Währenddessen schossen von den oberen Plattformen Bogen- und Armbrustschützen auf die Mauerbesatzungen, um diese in Schach zu halten. Die Soldaten hinter und in dem Belagerungsturm waren meist durch massive Seiten- und Frontwände geschützt.

Gegen Brandpfeile wurden die Belagerungstürme mit nassen Fellen oder gegerbten Tierhäuten belegt. Wenn der Belagerungsturm die gegnerische Mauer erreicht hatte, wurde die Fallbrücke heruntergelassen und die im Turm befindlichen Soldaten konnten die Mauer erstürmen, während die Schützen auf der oberen Plattform weiterhin auf die Verteidiger schossen.

Auch die Taktik des Unterminierens der Befestigungsmauern kam bei Belagerungen häufig zum Einsatz. Dabei legten die Belagerer möglichst unbemerkt Stollen an, die bis unter die Befestigungsmauern gegraben wurde. Wenn der freigelegte Hohlraum unter der Mauer, der mit Balken abgestützt wurde, ausreichend groß war, brachte man zusätzlich brennbares Material an, das dann in Brand gesetzt wurde.

Später bevorzugte man die Verwendung von Pulverladungen, wodurch der Begriff "Mine" von einem Stollen auf eine ausgelegte Sprengladung überging. War ein Gang jedoch von den Verteidigern lokalisiert worden, so gruben die Verteidiger ihrerseits Stollen. Sie drangen dann in die feindlichen Stollen ein und bekämpften den Gegner in den Stollen mit Feuer, Wasser oder im Kampf Mann gegen Mann.

Verließ ein Teil der Belagerten ihre geschützte Stellung, um die Belagerer anzugreifen oder um Belagerungsgerät zu zerstören, nannte man das einen „Ausfall“. Während des Ausfalls wurde unter anderem versucht, die großen Geschütze zu zerstören oder zu beschädigen.

Belagerung von Stadt und Burg

Kamen den Belagerten Truppen von außen zu Hilfe, sprach man von „Entsatz“. Im 16. Jahrhundert wurde es üblich, dass die Belagerer auch einen Ring aus eigenen Befestigungsanlagen um die belagerte Stadt oder Festung anlegten. Damit sicherten sich die Belagerer vor dem etwaigen Angriff eines Entsatzheeres, schnitten die belagerte Festung komplett von der Versorgung ab und schützten sich gleichzeitig vor Ausfallangriffen der Verteidiger.

Setzten die Belagerer einen Belagerungsturm ein, so versuchten die Verteidiger, diesen mit Brandgeschossen in Brand zu setzen. Ließen die Angreifer die Fallbrücke des Turms herab, wurde versucht, diese zu zerschmettern und den Turm umzuwerfen.

Im 14. Jh. wurden die Handfeuerwaffen wie die Hakenbüchse und der Doppelhaken eingeführt. Die Hakenbüchse wies, wie der Name schon andeutet, einen Haken auf, der in der Mauernische direkt hinter dem Schartenloch in ein Prellholz eingehängt werden musste, um den beträchtlichen Rückstoß auffangen zu können. Der Doppelhaken war doppelt so groß wie die Hakenbüchse. Er musste wegen seines enormen Gewichtes und seines gefährlichen Rückstoßes auf einen Bock montiert werden. Mit seinem Rohr konnten bis zu 15 kg schwere Stein-, Blei- oder Eisenkugeln abgeschossen werden.

Der Begriff des Heerlagers bezeichnete in der Vergangenheit große befestigte Feldlager von militärischen Truppen, vornehmlich der Söldner und Landsknechte mit ihrem Tross. Sie konnten mehrere Tausend Personen, Tiere und Artillerie umfassen. Im Mittelalter waren in den Lagern der Söldner und Landsknechte neben den Führern und Hauptleuten auch die Ehefrauen und ganze Familien der Landsknechte sowie Prostituierte, Marketenderinnen, Wäscherinnen und viele andere Tagelöhner und Handwerker untergebracht.

Die Befehlshaber wohnten in ihren prächtigen und mit Wappen und Fahnen geschmückten Prunk-Zelten, die Ritter hatten ebenfalls Unterkunft in entsprechenden Zelten. Die Söldner und Landsknechte lebten in der Regel in einfachen Verhauen, die auf einem Bretterboden mit einem Belag von Stroh oder Grassoden errichtet wurden.

Zwischen den Zelten und Hütten gab es Straßen und Sammelplätze für die einzelnen Fähnlein. Wichtig war jetzt, dass man sein Feldlager sicherte, da man jederzeit mit Überfällen durch die gegnerische Partei rechnen musste.

Die Posten im Lager sorgten für Ordnung und versahen den Wachdienst. Besondere Aufmerksamkeit musste dabei der Artillerie und den Pulverwagen geschenkt werden. Daher standen diese entweder in der Mitte des Lagers oder an einer anderen gut geschützten Stelle.

Die wichtigste Variante der Sicherung war, das Lager mit massiven Befestigungen zu schützen.

Neben einfachen Zäunen und Toren waren die so genannten Schanzen ein weiteres wichtiges Element der Befestigung, die beispielsweise während des 30-jährigen Krieges in großer Zahl und gebaut worden sind. Sie waren eine Kombination von Erdbefestigungen, Gräben und Bastionen. Die wesentlichen Elemente waren dabei Graben und Erdwall. Dabei schütteten die Hilfstruppen mit den Aushub eines Grabens einen dahinter liegenden Erdwall auf.

Des Weiteren waren Palisaden, Sturmpfähle, angespitzte Stöcke und Verhaue zusätzliche Hindernisse für einen Angreifer. Auch Schießscharten für Kanonen, Tore und Brücken aus Holz wurden gebaut. Für diese Feldschanzen bürgerten sich bald zwei Bezeichnungen ein, Redoute und Sternschanze. Eine Redoute hatte nur ausspringende Winkel, was bedeutete, dass die Gräben nicht flankiert wurden. Dagegen hatte eine Sternschanze aus- und einspringende Winkel und somit konnte zumindest ein Teil der Gräben flankiert werden. Zum Einen legte man hier viel Wert darauf, dass die Gräben flankierend beschossen werden konnte und es nirgends tote Winkel im Verlauf der Feldschanzen gab. Zum anderen richtete man die Schanzen so für ein Feuergefecht ein, das man genügend Platz für die Artillerie und die Musketiere schaffte. Ein Vorteil der Erdschanzen war, dass diese Erdwälle einschlagende Kugeln einfach verschluckten und einschlagende Geschosse anders als zum Beispiel bei Holzpalisaden oder Mauerwerk keine Splitter produzieren konnten.

Belagerung von Stadt und Burg

Auch konnte man im Gegensatz zu Mauern die Wälle nicht einschießen. Es rutschte hier auch kein Schutt in den Graben, der den Angreifern als Rampe hätte dienen können. Für den Bau dieser Schanzen brauchte man nur wenige Fachkräfte. Zu den Erdarbeiten wurden die nahe Bevölkerung und die Mitglieder des Tross herangezogen. Dazu führte das Heer Schaufeln, Hacken und Schubkarren mit. Da das Baumaterial ja vor Ort vorhanden war, konnte man in kurzer Zeit umfangreiche Befestigungen bauen.

Die Wagenburg bildete eine weitere Möglichkeit der Sicherung. Sie war aus den Fuhrwerken des Trosses zu bilden. Die Wagenburg war ein wirksamer Behelf, wenn man ein Lager nur für wenige Tage bezog oder vom Feind nicht massiv bedroht wurde. Der Zug bestand aus Trossfahrzeugen für Material und Nahrung und aus Mannschaftswagen. Die Wagenburg konnte aus der Bewegung heraus zu kreisförmigen Reihen dicht nebeneinander stehender Wagen auffahren. Innerhalb des äußeren Kreises aus Mannschaftswagen wurde aus den Trossfahrzeugen eine innere Wagenburg gebildet. Als Deckung gegen bodennahen Beschuss konnten Bretter von den Wagen herab geklappt werden, zusätzlich wurden die Räder mit Erdaufwürfen bedeckt.

Auf den äußeren Wagen konnten leichte Artilleriegeschütze wie Hakenbüchsen befestigt werden. Die Verteidiger wurden durch die Möglichkeit, sich auf diese mobile Befestigung stützen zu können gestärkt. Die Zeit zur Errichtung dieser Befestigungen war wesentlich kürzer, als die zur Errichtung von Gräben und Wällen. Wagenburgen waren jedoch reine Verteidigungswerke ohne taktische Angriffkomponente.

Für die Gesamtdauer einer Belagerung konnte so je nach der Größe des Heerlagers und der Dauer einen Verbrauch von über 2.000 Rindern, 2.500 Schweinen und 2.000 Schafen erfolgen. Hierzu kamen bis zu 350 Tonnen Brot und über 9.000 hl Bier. Diese Mengen herbeizuschaffen, war ein echtes Problem.

Einfluss von Schusswaffen auf Schild und Rüstung

Im Frühmittelalter bestand die Panzerung eines Kriegers normalerweise aus Schild, Helm und einem Körperschutz. Während einfache Krieger oft nur einen gehärteten Lederharnisch als Körperpanzerung besaßen, waren höhergestellte Krieger oft zusätzlich noch mit einem Panzer- oder Kettenhemd ausgestattet. Das konnte auch ein Schuppenpanzer sein. Fand für die Herstellung von Helmen ursprünglich noch die Verwendung von gehärtetem Leder statt, so wurden sie später hauptsächlich aus Eisen oder Stahl gefertigt. Je weiter das Mittelalter voranschritt, desto mehr wurde die Schwertform dem Kampf gegen die sich entwickelnden Plattenpanzerungen angepasst. Mit der Entwicklung des Plattenharnischs war der Kämpfer darauf angewiesen, mit seinem Schwert in die Schwachstellen der Rüstung zu stoßen. Durch die Umstellung vom Hieb zum Stoß veränderte sich auch die Klingenform der Schwerter.

Der Schild war vor der Entwicklung des Plattenharnischs der wichtigste Körperschutz und bot eine gute Abschirmung. Gewöhnlich bestand ein Schild aus Hartholz, das mit Leder bezogen oder mit Nieten oder Streifen versehen war. Diese massiven Konstruktionen waren nicht leicht zu zerstören und auch für einfache Krieger erschwinglich. Die Schwertform folgte den dadurch definierten Anforderungen: es musste kurz und leicht genug sein, um mit einer Hand geführt werden zu können, da man ja in der anderen den Schild führte, und die Schneide musste den Aufprall auf ein Schild oder eine Panzerung überstehen können.

Der Schild diente somit der Abwehr von Hieben, aber auch dem Schutz vor Pfeilen und Bolzen im Pfeilhagel offener Feldschlachten. Auch konnte unter dem Schutz eines Schildes zum Beispiel an eine Mauer oder Belagerung vorgedrungen werden. Durch die verbesserte Körperpanzerung verlor der Schild immer mehr an Bedeutung, konnte kleiner werden oder verschwand ganz. Durch das Freiwerden der Schildhand bot sich dem Krieger die Möglichkeit, sein Schwert mit beiden Händen zu führen. Daraus entwickelten sich immer längere Schwerter, die mit beidhändig geführtem Stoß in die Lücken der Panzerung zielten.

Einfluss von Schusswaffen auf Schild und Rüstung

Als Kettenrüstung oder Ringelpanzer bezeichnete man eine Rüstung, die aus zahlreichen ineinander verflochtenen und in der Regel vernieteten kleinen Metallringen bestand. Sind die Metallringe auf einem Stoff befestigt, verwendet man die Bezeichnung Brünne.

Eine komplette mittelalterliche Kettenrüstung, die einen Großteil des Körpers schützte, bestand aus mehreren zehntausend Stahlringen, die vernietet oder verschweißt wurden, um ein Aufplatzen der Ringe zu erschweren. Deshalb war es äußerst aufwändig, eine solche Rüstung herzustellen. Eine Kettenrüstung bot einen sehr guten Schutz vor Schnittverletzungen, aber gegen wuchtige Hiebe und kraftvolle Stiche half sie wenig. Deshalb trug man unter oder über der Kettenrüstung häufig einen als Gambeson bezeichneten, meist mit Rosshaar gefütterten zusätzlichen Stoffschutz.

Nachteilig an einer Kettenrüstung war die Tatsache, dass ein Großteil ihres Gewichtes auf den Schultern des Trägers lastete. Diese Tatsache wurde dadurch ausgeglichen, dass man einen Gürtel um die Hüfte schlang. Außerdem bot sie auch in Verbindung mit einem Gambeson nur wenig Schutz gegen Armbrustbolzen und Pfeile. Deshalb ging man ab der Mitte 13. Jahrhunderts dazu über, die Kettenrüstung nach und nach durch Metallplatten zu verstärken oder zu ersetzen. Da ein Plattenpanzer aber möglichst flexibel sein musste, waren bestimmte Körperteile wie die Achseln und der Genitalbereich weiterhin ungeschützt. Deshalb trug man ein Kettenhemd unter dem Harnisch, oder man schützte diese Lücken durch ein Kettengeflecht. Um 1370 setzte sich schließlich der Brustpanzer durch, der die Plattenrüstung vervollständigte.

Die schwere gepanzerte Reiterei passte sich den ab dem 14. Jahrhundert aufkommenden Feuerwaffen durch immer noch massivere Rüstungen an, mit denen sie auch ihre Schlachtrösser schützte. Durch die rasche Weiterentwicklung der Waffentechnik erwiesen sich die Panzerreiter aber bald als zu unbeweglich, besonders durch die aufwendigen Rosspanzer. Manchmal wurden Ritter von den Fußsoldaten einfach mit den Spießen vom Pferd gezogen und gefangen genommen oder getötet.

Einfluss von Schusswaffen auf Schild und Rüstung

Bereits während des Hundertjährigen Krieges hatte sich die Verwundbarkeit der alten Ritterheere durch Bogenschützen und eine geschickte Taktik, die auch die Wetterverhältnisse mit einbezog, erwiesen. Eine entscheidende Rolle spielte die Tatsache, dass die Rüstungen der französischen Ritter allein keinen ausreichenden Schutz mehr gegen die Pfeile der englischen Schützen boten.

Damit war der Kampf um die Vorherrschaft auf dem Schlachtfeld zugunsten der modernen Heere entschieden. Schließlich brachte aber erst das Aufkommen von Artillerie und Feuerwaffen das endgültige Ende dieser Ära berittener gepanzerter Ritter.

Anhang

Zeittafel

1066
Schlacht bei Hastings am 14. Oktober 1066, der erste militärische Erfolg der französischen Normannen bei der Eroberung Englands

1153
Belagerung von Askalon durch die Truppen des Königreichs Jerusalem, der Johanniter und Templer unter dem Kommando von König Balduin III. vom 25. Januar bis zum 19. August 1153

1187
Schlacht bei Hattin am 4. Juli 1187, die militärische Niederlage führte zum Verlust des Königreichs Jerusalem an die Muslime

1291
Belagerung von Akkon bis zum 28. Mai 1291, mit der Küstenstadt Akkon ging die letzte Bastion des Königreiches Jerusalem verloren

1315
Schlacht am Morgarten am 15. November 1315
die erste Schlacht zwischen den Eidgenossen und den Habsburgern

1337 bis 1453
Als Hundertjähriger Krieg wird der englisch-französische Konflikt und der französische Bürgerkrieg zwischen 1337 und 1453 bezeichnet

1346
Schlacht von Crécy am 26. August 1346, ein Anfangspunkt des hundertjährigen Krieges auf dem europäischen Festland

Zeittafel

1386
Schlacht bei Sempach am 9. Juli 1386, Höhepunkt des Konfliktes zwischen den Habsburgern und den Eidgenossen

1419 bis 1439
Die Hussitenkriege bezeichnen eine Reihe von Kämpfen und Schlachten auf dem Gebiet des damaligen Königreichs Böhmen

1476
Schlacht bei Murten am 22. Juni 1476 zwischen Truppen der Eidgenossenschaft und des burgundischen Herzogs Karl des Kühnen im Rahmen der Burgunderkriege

1499
Der Schwabenkrieg, auch Schweizerkrieg, ein von Januar bis September 1499 dauernder Konflikt zwischen der Schweizerischen Eidgenossenschaft und dem Haus Habsburg-Österreich

1546 bis 1547
Der Schmalkaldische Krieg wurde von Kaiser Karl V. gegen den Schmalkaldischen Bund, ein Bündnis protestantischer Landesfürsten und Städte unter der Führung von Kursachsen und Hessen, geführt

1618 bis 1648
Der Dreißigjährige Krieg endete mit dem Westfälischen Frieden am 24. Oktober 1648

Anhang

Berühmte Feldherren wurden Opfer von Schusswaffen

Ausgerechnet ein bekannter Förderer der Armbrust, Richard Löwenherz, kam 1199 durch einen Armbrustbolzen zu Tode

Götz von Berlichingen, der „Ritter mit der eisernen Faust“ verlor am 23. Juni 1504 bei der Belagerung Landshuts durch einen Schuss aus einer Feldschlange seine rechte Hand

Während der Schlacht bei Rain am Lech am 15. April 1632 wurde Tilly, Feldherrn der Katholischen Liga, durch eine Falkonettkugel der rechte Schenkel zerschmettert und starb an Wundstarrkrampf

Gustav II. Adolf wurde am 16. November 1632 bei Lützen während eines Reiterangriffs durch einen gezielten Schuss eines kaiserlichen Reiters aus nächster Nähe getötet

Anton von Burgund wurde von englischen Bogenschützen in der Schlacht von Azincourt am 25. Oktober 1415 getötet

Harold II König von England stirbt in der Schlacht bei Hastings 1066 durch einen Pfeilschuss

Daniel Rantzau, königlich-dänischer Feldhauptmann wurde bei der Belagerung der Festung Warberg am 11. November 1569 durch eine Kanonenkugel getötet

Gottfried von Bouillon soll während der Belagerung von Akko durch einen Pfeil getötet worden sein

John de Clifford wurde durch einen Pfeil getötet, der ihn im Hals traf, nachdem er einen Teil seiner Rüstung entfernt hatte

Anhang

Bildnachweis

Seite 4 - Der Büchsenmeister, Holzschnitt

Seite 8 - 15th century French crossbowman. Encyclopedie Larousse Illustree 1898

Seite 23 - Armbrust

Seite 24 - Arkebusenschütze – Holzschnitt

Seite 36 – eiserne Pfeil- und Bolzenspitze

Seite 39 - Blide, Zeichnung

Seite 40 - Feldschlange, Zeichnung

Seite 48 - Hakenbüchse; Zeichnung nach Meyers Konversationslexikons (1885-90)

Seite 56 - Bombarde; Zeichnung nach Handbuch
der französischen Architektur des 11. bis 16. Jahrhunderts (1856)

Seite 68 - Pfeilbüchse, Walter de Milemète
„De nobilitatibus, sapientiis, et prudentiis regum"

Seite 72 - Landsknecht Artillerie – Holzschnitt

Seite 78 - Belagerung Stralsunds durch Wallenstein

Seite 92 - Kürass mit Beschuss

Anhang

Literaturverzeichnis

Martin Kaufhold, Die Kreuzzüge,
Marix Verlag GmbH, Wiesbaden 2007

Hilary Greenland, Praktisches Handbuch für traditionelle Bogenschützen
Verlag Angelika Hörnig, 2002

Hans-Dieter Götz, Waffenkunde für Sammler,
Motorbuch Verlag Stuttgart, 1989

Lilian und Fred Funcken, Historische Waffen und Rüstungen,
Bassermann Verlag, 2008

Eduard Wagner, Hieb- und Stichwaffen,
Verlag Werner Dausien, 1985

Martin J. Dougherty, Kriegskunst im Mittelalter
Weltbild Verlag, 2008

Literaturempfehlung

Das Leben und Kämpfen der Söldner und Landsknechte im mittelalterlichen Europa; im großen Heerlager, bei der Belagerung von Burgen und Städten und in den großen Feldschlachten wird in diesem Sachbuch so detailliert geschildert, wie die politischen Hintergründe und die geschichtliche Entwicklung der militärischen Auseinandersetzungen. Dabei werden die traditionellen Waffen und Rüstungen genauso vorgestellt wie die Verteidigungsanlagen von belagerten Festungen, die schwere Artillerie und Belagerungsgeräte. So wird die Zeit der großen Schlachthaufen von Schweizer Reisläufern und deutschen Landsknechten hier wieder lebendig.

Landsknechte & Söldner – Kampf und Lagerleben im Mittelalter
ISBN 978 3 8370 8992 9